抑郁的真相

如何走过情绪的低谷

廖士程 著

中国工人出版社

我最近工作压力好大，
常常闷闷不乐。
对任何事物都提不起兴趣，
我会不会得了抑郁症？
我时常出现手脚麻木、
下背疼痛的症状。
到医院去检查，
结果一切指数正常。

医生让我填“心情温度计”量表。
心情温度
结果是16分，
怀疑我有抑郁症，
建议到精神科做进一步检查。
我回家对照DSM-5手册
列举的抑郁症的主要症状，
发现自己大多项符合。
我的症状已经持续两周了。
我是不是得了抑郁症？

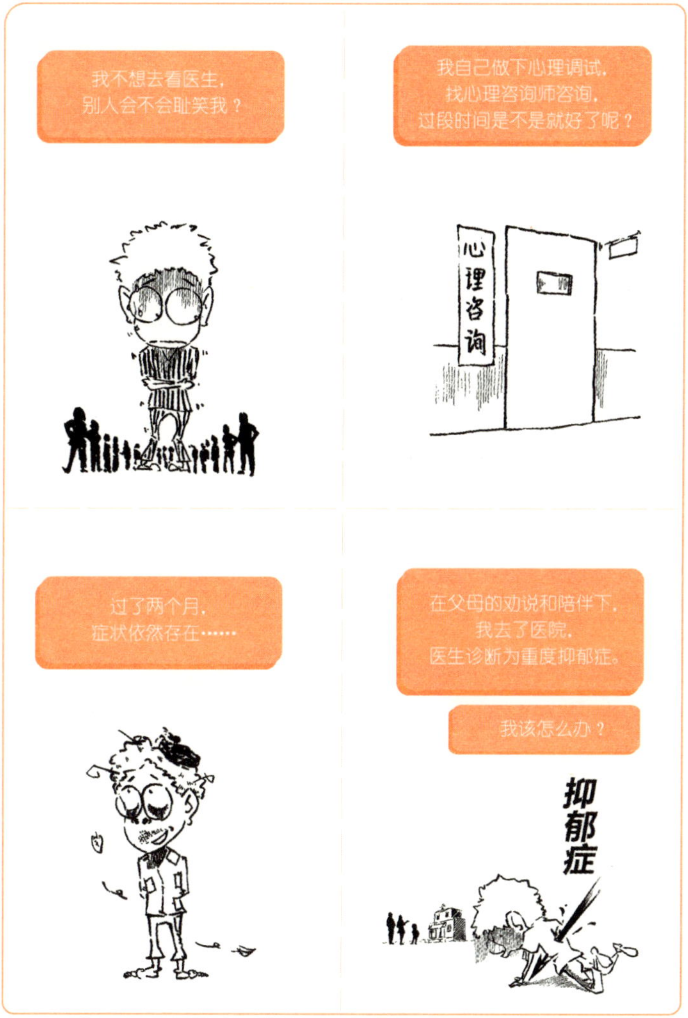
我不想去看医生，
别人会不会耻笑我？
我自己做下心理调试，
找心理咨询师咨询，
过段时间是不是就好了呢？
心理咨询
过了两个月，
症状依然存在……
在父母的劝说和陪伴下，
我去了医院，
医生诊断为重度抑郁症。
我该怎么办？
抑郁症

“我有一种难以言喻的痛苦，
觉得一天好漫长。”
“身体很累，但无法熟睡休息，
一天里面只期待一件事，
就是晚上睡觉，
因为痛苦会暂时休止。
但是……往往又睡不着。”
“我像被关在暗无天日的牢笼中，
无法和外界交流，
以前热衷的事情或高谈阔论，
都变得很遥远、没有意义。”
“我好像变成了一具残骸，被挖空，
活着好累好烦好痛苦，
很想逃到没有人的地方……”

我去上班，结果抑郁症发作，父母可能认为："肯定是上班时受到刺激。"
不过，为什么大家都上班，有人会发病，有人却没事呢？
"现代生活压力大，是抑郁症的主因。"这句话听起来似乎很有道理，但问题是，压力无所不在，谁都无法幸免。
每个人都面临许多压力，但有些人为什么会罹患抑郁症，有些人却不会呢？
抑郁症

在家，妈妈安慰我说：
“振作一点儿，没有那么严重，
比你更惨的人多着呢。”
爸爸对我说：“你不要老钻牛角尖。”
我不想吃饭，妈妈对我说：
“我特地煮了你最爱吃的菜，
怎么就不领情呢？”
奶奶看到对我说：
“不要整天躺在床上，
打起精神来！”
我脑袋里经常有声音焦虑地回荡着：
“我好难受、好绝望。
全世界没有人了解我的痛苦。”
家属和朋友要怎么做呢？

简体版序

我们陪你一起面对

在精神科的日常临床工作中，病患及亲友的知识科普工作是非常重要的。

科普知识这件事看似照本宣科，如师长般谆谆教诲，在传递正确知识之前，情绪支持更加重要。对于所有精神疾病如此，对抑郁症照护更是如此。

如果有机会同抑郁症病友聊聊，他们常说：抑郁缠身时，会从负面角度看事情，排山倒海，听不进旁人善意的鼓励，而且对自己听不进旁人善意的鼓励更加自责。

如果有机会同抑郁症病友的亲友聊聊，他们常说：抑郁的深渊无穷无尽，他们常会劝他想开点，但他的悲观却坚定不移。他们有时会对他生气，但随后又会自责为何会对他生气。这恶性循环，正是抑郁情绪感染力的证明。

总有个办法，让彼此关心的灵魂，不再互相折磨，毕竟我们还是相信善有善报。

这本书就是从这里开始的，通过知识的传递，以及病患及家属的经验的分享，希望能稍微减少大家的痛苦与疑虑。医疗照护的问题，从来就没有简单答案，但越是难行之路，大家越要精诚团结，期望大家就像三峡沿岸的纤夫，一步一个脚印，协助沉重的商旅过万重山，最终也能欣赏沿岸的壮丽风景。

2017 年 4 月，北京大学第六医院黄悦勤教授在国家卫计委召开世界卫生日主题“共同面对抑郁共促心理健康”的新闻发布会中，发表最新调研结果指出：心境障碍和焦虑障碍是我国患病率较高的两类常见精神障碍，而在众多心境障碍中现患率最高的就是抑郁症。黄教授进一步指出：人们对精神障碍的病耻感以及缺乏防治知识，是当前重要的问题，应该加大科普宣传力度，提高公众精神健康意识。

写这本书的初衷便是希望对抑郁症防治的重点工作略尽绵薄，藉由出版此书，把大家常见的疑惑，以及在看医生的时候没有办法问个清楚的问题，尽量澄清。期望填补医疗使用者未被满足的需求，期望填补医疗提供者未能尽善尽美的遗憾。

本书的诞生，要特别感谢庄慧秋女士与工作团队。要感谢我结识的一群菁英朋友，一群心灵契合的精神科同道，因为他们的鼓励，强化我出版的意愿，抓紧机会为大众的精神卫生共同努力。感谢老友王浩威医师，与他合作，就像18年前与他去波罗的海旅行一般，他总冲在最前头，我们尾随在后气喘吁吁，疲惫之余，才知道因有如此疾行，沿途风光才不致错失。要感谢已经过世的李宇宙医师，这本书若有一点儿诗意的小尝试，都是我东施效颦的铁证。

前　言

你快乐吗

近些年，我们不时听闻，某知名成功人士抑郁症缠身，或是某演艺人员在英年走上自杀绝路。

媒体报道中常会形容某位太早就离我们而去的朋友，是个认真尽责，自我要求甚高的人，经常主动把责任往身上揽，虽然同时受抑郁症之苦，却在职场上隐瞒得很好，意外发生前，同事们几乎看不出任何异状。“他在工作、家庭与私人财务方面，都很优秀，没有任何问题，根本是人生赢家呀！”公司同人纷纷慨叹。

这些新闻再度引起了企业界对于“精神健康”的关注。高科技业或金融财团的经理人，在外界眼中光鲜亮丽，但其实却是属于高压力族群，罹患抑郁症的比例也很惊人。

不只是企业界，演艺圈也曾传出不幸消息，例如，某知名艺人罹患抑郁症，或是某知名艺人不幸轻生身亡等新闻。

演艺圈是影视娱乐产业，在荧幕前，人人谈笑风生，看似名利双收，但如果抑郁症来袭，却只能“把欢笑给予别人，把悲伤留给自己”，在无人知晓的镁光灯背后，努力忍受着难言的痛苦，甚至失去活下去的动力。个中滋味，没有经历过的人实在难以体会。

当然，在工商业社会中，各行各业都充满压力，很多上班族在“爆肝”工作，再加上各种生活压力，如社交人际关系、家庭沟通、亲子教育、经济负担、环境污染等，让人不禁担心：与生活压力密切相关的抑郁症，会不会找上我们？

事实上，抑郁症跟自杀之间并没有必然的关联性，即使“抑郁症防治”是“自杀防治”工作相当重要的一环，但两者间的“因果关系”并不如大家想象中的绝对。

“抑郁症”与“自杀”都是由多重因素造成的结果，这些危险因子之间彼此有关联性，要做到有效防治，绝对不是靠单一因素可以达成。无论如何，在现代社会中，“抑郁症防治”和“自杀防治”都是越来越受到重视，因为它们所带来的伤害，真是太巨大了。

抑郁症就像一只黑狗

其实，人们对于抑郁症并不陌生。传闻中古今中外有许多历史名人，如发现地心引力的牛顿、提出进化论的达尔文、现代艺术的先驱画家凡·高、率领英国打败希特勒的丘吉尔、美丽且深受全世界喜爱的戴安娜王妃，相传都长期为抑郁症所苦。其中，丘吉尔做了一个深切的比喻：“心中的忧郁就像一只黑狗，一有机会就咬住我不放。”由于这个意象非常鲜明，从此以后，“黑狗”就成了英语世界中抑郁症的代名词之一。

以丘吉尔为例，他出身于贵族世家，是天之骄子，却从年轻时代就开始出现抑郁症倾向。1910年，他三十五岁，是英国的内政大臣，拥有美满婚姻，正处在生命的高峰，富有、深具名望、手握政治实权、广受人民爱戴，但此时正是他抑郁症发作最严重的时候。他曾经这样告诉医生：“有两三年的时间，光明好像从整幅图画中消失；我依然做着工作，端坐在下议院中，但是黑暗的忧郁却紧跟着我。”

他的一生不停地跟抑郁症奋战，而黑狗的阴影总是亦步亦趋地跟在身后，从来不曾真正远离。他也有过自杀的念头，甚至在向上帝祷告时，祈求可以一死；但是他努力以意志克制自己，不要靠火车月台太近，在家也尽量远离阳台，以免被黑狗一口咬住，坠入深渊。

直到他七十多岁，已经成为当代的传奇英雄，却还是觉得自己的人生充满失败。他悲伤地告诉女儿：“我这一生费尽一切努力，最后却一事无成。”

这就是抑郁症的真实写照。但是，从另一个角度来看，他从未被抑郁症打败，即使终其一生被绝望缠绕，他依然让自己的生命活得精彩绝伦，成为英国历史上的伟大人物。

通过丘吉尔和黑狗的故事，我想传达一个很重要的讯息：抑郁症并不是绝症，我们可以学习与它共处，更何况，以今日的医学技术，它很可能治愈。所以，面对抑郁症最好的方法，就是了解它、接纳它、治疗它，只要大家一起努力，就可以减轻这只黑狗的杀伤力，甚至远离它的威胁，不让它阻碍自己的人生。

21 世纪最常见的精神疾病

根据联合国世界卫生组织的报告，抑郁症是21世纪最常见的精神疾病，全球的罹病人口估计超过三亿五千万人。

而在亚洲地区，抑郁症的发病率虽然不如欧美国家高，但是我们也不要掉以轻心。随着社会经济的发展，抑郁症的发病率可能正在快速攀升。

或许，你我的身边也有一些亲友正在默默忍受抑郁症的折磨，只是我们不知道而已。

近年来，随着媒体的报道和资讯的普及，大家对于“抑郁症”这个名词已经耳熟能详。但是，对于影响这么重要的现代文明病，我们到底了解多少？

至于自杀的议题，虽然人数远不如患抑郁症的那样普遍，但是因为悲剧性的强度，往往更震撼人心。

但是在新闻热潮的背后，我们对于自杀行为的防范，又有多少认识呢？

身为精神科医师，在多年来推广抑郁症防治和自杀防治的实务工作经验中，我发现许多人对于抑郁症的相关资讯，还是有需要填补的空间。在门诊遇见病友和家属，或者演讲的时候，大家最常询问的问题包括：

- 到底什么是抑郁症？它跟心情郁闷有什么不一样？
- 为什么会得抑郁症？是因为想不开、想太多、太钻牛角尖、太软弱吗？
- 有人说，压力会导致抑郁症，这是真的吗？可是，有些人压力很大，却从不抑郁；有些人看起来压力不大，却抑郁了。这是怎么回事儿呢？
- 要怎么判断自己或亲友是否得了抑郁症？
- 抑郁症要怎么治疗？可以医得好吗？
- 身为抑郁症的家人和亲友，该怎么做？

- 抑郁症病情严重的时候，真的会自杀吗？那要如何预防呢？
- 自杀的人，不见得有抑郁症。还有其他原因吗？要如何杜绝悲剧的发生？
- 身边有自杀者的亲友，要如何安慰或陪伴他们呢？

这些都是一般人常见的疑惑，也是非常重要的问题。在这本书中，我将尝试以简单浅白的方式，逐一解释这些疑问，以促进大众对于抑郁症的了解。

生命苦难来袭时总令人难以招架，但我们相信，知识可以带来力量。通过这样的方式，我衷心地希望，可以鼓励更多患者和亲友保持信心，努力走出抑郁的风暴；也希望整体社会可以共同联手，编织出一面友善的支持网络，当患者陷入黑暗的绝望时，或许你我都可以适时伸出援手，以理解和温暖的态度，帮助他们渡过一次又一次的危机和难关，直到治愈的时刻到来。

为了这样的目标，我们一起努力！

目 录
CONENTS

第一章 是心情不好，还是抑郁症

第二章 当情绪不断低落：重度抑郁症

第一章

是心情不好，还是抑郁症

了解抑郁症的第一步，就是要“去污名化”。抑郁症不是无病呻吟，也不只是单纯的心理困扰，更不是安慰当事人想开一点儿就可以解决的。如果发现自己或亲友有抑郁症的倾向，最好尽快寻求专业协助。

人生不如意事十之八九，总有心情不好的时候，这跟抑郁症要怎么区分啊？

现代社会生活压力很大，不论是学生、上班族还是家庭主妇、退休人士，都有许多各自要面对的难题，遇到事情不顺遂时，难免会心情不好，这是很自然的现象。如果，有机会问大家："是否曾经有过很伤心、很郁闷、很沮丧、情绪很低落的体验？"相信绝大多数的人都会举手。

那么，这些正常的情绪反应，跟"抑郁症"要怎么区分呢？这是社会大众常见的疑惑。

在临床工作时，也常听到很多病友和家属提问：

"抑郁症是因为心情不好吗？可是，人都有低潮的时候，这跟抑郁症有什么不一样？"

“我弟弟最近失恋，常常借酒消愁，闷闷不乐，会不会变成抑郁症啊？”

“我朋友跟主管不和，一天到晚跟我抱怨，说她上班很烦，每天都不快乐，早晚会得抑郁症。这是真的吗？”

“我爸爸脾气不好，很孤僻，退休后常一个人坐在客厅看电视，不爱讲话，也不肯出门。我们都很担心，他是不是有抑郁症？”

“抑郁症”，顾名思义，是跟情绪有关的一种疾病，但要如何判断一个人的情绪是否生病了呢？本书的第一章，就先来厘清情绪不好和抑郁症之间的关系。

从“抑郁情绪”到“抑郁症”的距离

“人生不如意事十之八九。”生活中总会碰到让人心烦、难过、抓狂的各种麻烦事。这时候，情绪当然不好啰。这是很正常的一种反应。

例如，上班族最期待的就是年终奖金，没想到年底时收到主管一封信，被告知：“你这一年考绩乙等”或是“公司营收欠佳，年终奖金大缩水”。如此期待的失落、对主管的愤怒，会让人连续好几天闷闷不乐。或者抱着发财梦去买了彩票，整天幻想着：如果中了十亿元，就要立刻辞职，潇洒丢下一切去环游世界，美梦幻想了好几天，开奖时却没中，真的让人很失落。

这些失落、郁闷，难道就是抑郁症吗？

当然不是。因为上班族即使对主管不爽，隔天还是会打起精神上班，努力拼业绩；想发财的朋友只难过五分钟，没多久又兴冲冲跑去买彩票，满心期待财神爷降临。

换句话说，“心情不好”只是一种短暂的情绪，不会影响到日常生活功能。它是面对压力的正常反应，一旦压力解除，或经过一番自我调适，情绪就会慢慢恢复正常。

一个人会心情不好，通常是来自生活中的压力，可能与“人”有关（如家人、同事、朋友、情人等），或是为了某件“事”而烦恼（如考试、健康、工作、经济问题等）。不过有时也可能会没来由地情绪低落，或只是因为太疲倦或经前症候群，整个人感觉闷闷不乐、提不起一丝劲儿来。

每个人处理情绪低潮的方式都不一样，有的人会大吃一顿，有的人会找朋友吐吐苦水、发发牢骚，有的人喜欢去运动流汗发泄，有的人干脆蒙头大睡一觉，隔天又是一条好汉。这些都是很好的纾解方式，让情绪很快就过去，不会带来杀伤力。

不过，如果恼人的压力一直持续，焦虑、愤怒、挫折等负面情绪不断累积，甩都甩不掉，那就麻烦了。身心长期处在不舒服的压力状态，若无法顺利自我调适，或先天体质较为脆弱，可能就会开始出现抑郁症状。

抑郁是一种低落、不愉快、沮丧的情绪，非常折磨人。当抑郁的症状越来越多，如睡不好、吃不下、脾气暴躁易怒、对很多事都失去兴趣、常常悲伤想哭等，组成抑郁症候群时，对生活的影响就会越来越大。以上症状如果长期持续，可能会因为过度精神紧绷而伤害到身心健康，甚至导致生病，影响正常生活，这就形成了抑郁症。

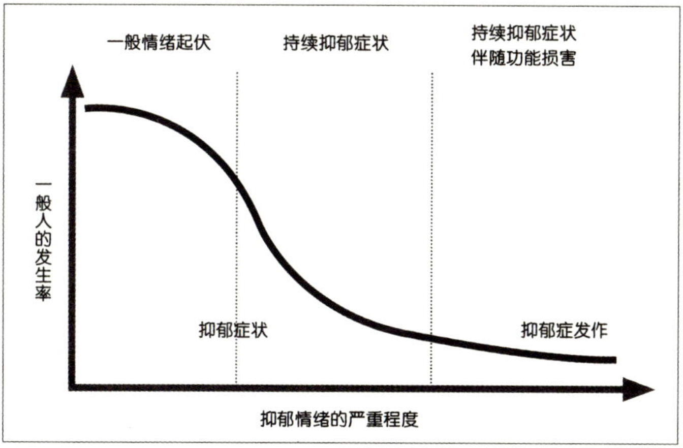

图一　从一般抑郁情绪到抑郁症

由此可知，从“抑郁情绪”演变到生病程度的“抑郁症”，有一段很长的距离。短暂的心情不好，不必太担心，不要动不动就以为自己有了抑郁症而杞人忧天。但如果此种状况出现的频率越来越高，就不能过度轻忽，任凭低潮的情绪不断扩散，要懂得适度转移和化解才好，以免演变成更大的问题。

什么是抑郁症

那么，什么情况才是抑郁症呢？为了帮助大家了解，先举两个案例来说明。

案例一　蜡烛两头烧的职业妇女

四十五岁的白菱（化名）在金融界任职，个性认真，常要求自己凡事都要巨细靡遗，顾虑周全。她的人生信念是“人无远虑，必有近忧”，因此很容易有停不下来的担心、烦恼。最近深受上司器重而升官，但她在管理部属时却颇感压力，因为她习惯亲力亲为，难以充分授权，属下犯错又不忍苛责，令她左右为难。

白菱家里的状况也不轻松。正值青春期的儿子不免叛逆，母子间常有冲突，先生又长期外派内地，管教问题只能一人承担。再加上最近父亲突然中风，要花许多心思照顾老人家。因此白菱经常半夜醒来睡不着，白天食欲不振，动不动就感觉疲累。无法兼顾工作及家庭的双重角色，让她十分自责。

渐渐地，她变得精神恍惚，许多时候犹豫不决，下不了决定。但为了维持工作效率，只好不停地猛喝咖啡；经常加班，事情也做不完，越心急就越焦虑。某天，她突然在办公室里失声大哭，甚至觉得自己活不下去了，流着泪跟同事交代后事，引起许多人关心，纷纷劝她就医。

白菱不愿去看精神科，便到家庭医学科挂号。医生诊断她罹患了抑郁症。经过四周的药物治疗后，效果不明显，但是通过家庭医学科医生全面的检查，排除了许多身体疾病的可能性，让她放心不少。而且医病关系建立后，医生成功地说服她转诊到精神科，接受进一步的治疗。

案例二　身体不适却找不出病因的王老先生

七十岁的王老先生经常抱怨胃部不适，胸口烧灼，在消化内科诊断后，发现有轻微的胃食道逆流，服药治疗却未见改善。有时还会出现手脚麻木、下背疼痛的症状，所以又到神经内科进行一连串检查，没发现任何异状。但他的食欲持续不佳，体重减轻，又经常口干舌燥，于是再到内分泌科检查，一切指数也都正常，王老先生怀疑自己是不是得了不治之症，心情越来越郁闷。

为了让他放心，孝顺的儿子安排他到两家医学中心做全身健康检查，但仍查不出问题。最后，医生通过“心情温度计”量表（图二）测得结果是十六分（满分为二十分），因此怀疑他有抑郁症，建议他到精神科做进一步诊查。

心情温度计 **检视健康量表每周自我检测**

请您仔细回想“在最近一星期中（包括今天）”，这些问题使你感到困扰或苦恼的程度，然后圈选一个你认为最能代表您感觉的答案

1.睡眠困难，譬如难以入睡、易醒或早醒	0	1	2	3	4
2.感觉紧张不安	0	1	2	3	4
3.觉得容易苦恼或动怒	0	1	2	3	4
4.感觉忧虑、心情低落	0	1	2	3	4
5.觉得比不上别人	0	1	2	3	4
*有自杀的想法	0	1	2	3	4

得分说明

前5题总分：

0–5分：为一般正常范围，表示身心适应状况良好。

6–9分：轻度情绪困扰，建议找家人或朋友谈谈，抒发情绪。

10–14分：中度情绪困扰，建议寻求减压管道或接受心理专业咨询。

15分以上：重度情绪困扰，建议咨询精神科医生接受进一步评估。

有自杀的想法

本题为附加题，若前五题总分小于6分，但本题评分为2分以上（中等程度）时，

宜考虑接受精神科专业咨询。

图二　“心情温度计”量表

从这两个案例可以知道，如果低落的情绪症状越来越多，而且持续一段时间，逐渐影响到日常生活功能，包括工作、学业、家庭、个人健康（睡眠、食欲），等等，甚至出现自我伤害、缺乏生存动力的状况，就要小心可能是抑郁症来袭了。这时候，最好尽快就医，寻求专业医师的诊断和评估，千万不要让病情继续恶化。

以感冒跟肺炎的关系来打比方，每个人都有感冒的经验，但不一定每个人都会发展成肺炎，一般感冒是人之常情，多喝水多休息就会好，但是若演变成肺炎，就一定要看医生了。

画一条疾病的界线

怎样才算是抑郁症？

在精神医学上，“抑郁症”其实是一群疾病的统称，每个患者的症状都不太一样，特异性很高。

譬如上述第一个案例，蜡烛两头烧的职业妇女，主要症状是情绪压力导致崩溃；第二个案例的主诉却是身体不适。两个人的症状表现虽然不同，却都已达到抑郁症的诊断标准。

由此可见，抑郁症包含各种不同的类型，一般人确实不太容易分辨。

举例来说，有一类患者的情绪变化很大，有时会陷入低潮，对任何事物都失去兴趣，但一段时间之后，却又表现得活力十足，想法一大堆，喜欢结交朋友，一开口就说个不停，甚至变得极度乐观，信心满满，甚至容易发怒，还觉得投资绝对不会有风险，因此在发作期间买了许多股票、基金或房地产……打算大赚一笔。这种情况可能是俗称的“躁郁症”，正式学名是“双极性疾患”，也就是在“躁”与“郁”这两种极端之间起伏摆荡。

还有一群朋友的抑郁症状比较特别，看起来不太严重，程度较为轻微，但抑郁期却维持很久，可能过去两三年内心情不好的日子比开心的日子还要多，日常生活功能也许都可以勉强维持，工作或学业勉强跟得上进度，但情绪一直不好，很难真正地快乐起来，这叫作“轻郁症”，并且有个古老的名字叫“精神官能性抑郁症”。

这些朋友由于症状不十分严重，生活功能也相对正常，因此抑郁症状就不容易被发现。通常是在遇到重大刺激或压力时，抑郁症状才有可能突然恶化。他们对压力的承受力比较低，一般人能处理的情绪压力，他们不见得能够承受；一旦碰到考试、比赛、被责备、失恋、与家人争吵等状况，可能就会陷入更严重的抑郁情绪中。

此外，经前期的情绪低落症、物质/医药引发的抑郁症、另一身体病况引起的抑郁症、其他特定的抑郁症（如短期忧郁反应）、非特定的抑郁症（如产后忧郁症、季节性抑郁症、伴随焦虑的抑郁症）等，也都算是抑郁症家族的相关成员。

悲伤不等于抑郁

一个人会陷入抑郁情绪，通常与重大压力源有关，如失恋、外遇、离婚、生病、亲人过世、失业、经济问题、破产、官司、苦恼亲子关系，等等。遇到这些问题，情绪一定不好，该如何画出疾病界线，判断自己或亲人是否已经到了生病的程度呢？

前面说过，要判断一个人是否罹患抑郁症，其中一个观察点在于“时间的持续性”。若感觉抑郁的症状一整天绝大多数的时间都是如此，而且怎样也拉不回，情绪莫名地一直低落下去，并持续一段时间，在基本生活功能（工作、学业、家庭责任）或社交能力上出现明显的障碍，且情况不断恶化，或发现身体出现莫名的不舒服，严重到必须就医检查，却找不出生理病因，这时就要怀疑是否为抑郁症发作。

不过，情绪低潮和悲伤也不一定是抑郁症。举例来说，亲爱的家人过世，感到悲伤难舍，经常流泪、吃不下饭、睡不好觉、自责悔恨、不停思念，这是人之常情，跟抑郁症又要如何区分呢？根据美国精神医学会于1994年出版的《精神疾病诊断及统计手册第四版》(DSM－4)，重大失落的悲伤和忧郁症发作的悲伤，有几个不同处：

哀悼者的悲伤主要是空虚和失落，这些情绪会随着时间而减轻，但难免会起起伏伏，悲伤的情绪升起，多半跟想念逝者有关，但也会伴随正面的情绪和幽默，如想到逝者的美好，回忆起过去的快乐时光，等等。哀悼者存有自尊，不会贬低自己；若有自责的情绪，通常是因为觉得亏欠死者，如生前不常去探望和关心、没来得及表达心中的爱、没能好好道别，等等；有时，哀悼者也会升起死亡的念头，主要是针对逝者，不舍得跟逝者

分开，想要跟着一起走。

而抑郁症发作的悲伤状态，是持续性的抑郁心情，无法体会到快乐和愉悦感。这种感觉通常跟别人无关。患者的情绪一直低落，自我挑剔、悲观满怀，觉得自己毫无价值、讨厌自己、人生充满不幸，甚至想要结束自己的生命，因为无法承担长期抑郁的无尽痛苦。

过去精神医学界认为：失落的悲伤与抑郁症并不完全相同，但有时也可能同时存在，如 2013 年出版的《精神疾病诊断及统计手册》第五版（DSM－5），就把病理性的抑郁症与哀悼者的悲伤情绪之间的界线放宽了。不管怎样，在陪伴面临重大失落的亲友时，可以注意观察一下，若有抑郁症倾向出现，最好赶快找专业人士协助。

我是否得了抑郁症：简易的自我检测

在医学上，达到生病程度的“抑郁症”，有其严格的定义，要在情绪、行为、认知、趋力等各方面出现明显症状，而且是不同症状成群结队地出现，才称得上生病了。最好由专业医师进行诊断，才能确认。

不过，站在预防医学的观点，我们应该对疾病保持警觉，以便及早发现问题。所以，我们可以根据一些初步的判断准则，评估自己或身边亲友是否出现抑郁症倾向。

根据 DSM－5 手册，在临床诊断上，抑郁症的主要症状包括下列九项：

1. 几乎整天且每天心情抑郁，经常感到情绪低落、悲伤、空虚或无助，快乐不起来。可经由当事人的主观报告，或他人观察而得知。

2. 几乎整天且每天明显对所有活动降低兴趣或愉悦感，提不起劲。
3. 体重明显减轻或增加（一个月内体重变化超过5%），或几乎每天食欲降低或增加。
4. 几乎每天都失眠或嗜睡。
5. 几乎每天的精神、动作或是激动或是迟缓。
6. 几乎每天都很疲倦或无精打采。
7. 几乎每天感到自己是无价值的，或有过度或不恰当的罪恶感。(可能达到妄想程度)
8. 几乎每天的思考力和专注力都降低，或是犹豫不决。
9. 反复想到死亡（不只是害怕死亡而已），有反复自杀意念而无具体计划，或有自杀举动，或有具体的自杀计划。

如果发现自己或家人出现以上这些症状（超过五种以上），并持续一段时间（超过两周以上），且已引起临床上的显著苦恼，或社交、职业及重要生活功能减损时，就要注意了。症状越严重，表示情况越危急，越要尽早到医院求诊。

为了帮助社会大众及早发现包括抑郁症、焦虑症等需要心理卫生介入的问题，台湾大学医学院教授李明滨等人研发出一份“简式健康量表”（Brief Symptom Rating Scale, BSRS－5），也就是前面提到的“心情温度计”（图二）。题目很少，只有五题，填写和计分容易，可以很快速地进行自我检测。

检测结果如果得分在6分以上，可能要注意压力的自我管理，得分在10分以上，可能要考虑寻求心理咨询或精神科的协助；得分在15分以上，可以考虑到精神科求诊，及早预防，千万不要错过治疗的黄金期。

心情温度计的概念，是用简便的量表来测量心情的变化，分数越高表示温度越高。如同人的体温一样，如果升到37.5度，我们会开始警觉是不是身体有状况，当体温超过38度，我们会去看医生或采取降温措施。

心情的温度也是一样，当升高到某种程度时，要赶

紧采取纾压措施，让情绪不至于失控。当温度高过警戒线，就要赶快找专家协助。

近年来，人们健康意识增强，许多公司和企业都会安排年度健康检查。可惜的是，目前的健康检查并未涵盖身心症状的筛检，以及精神状态的评估，往往错失早期发现精神健康问题的机会，等到症状严重了，甚至造成伤害性的结果才来亡羊补牢，为时已晚。

因此，如何运用这些简易的自我检测工具，结合正确健康知识的传递，让人们能全面地关注自己的情绪健康，对于抑郁症的预防，是很重要的一步。

如果担心自己或亲友有抑郁倾向，可以通过“心情温度计”测量一下，如果分数较高，不要太过紧张，可以找专业人员协助评估或处理喔！

身体疾病与抑郁症的关联

前面提到，抑郁症会引起身体的不适。反过来说，身体的疾病也可能引发抑郁症，或类似抑郁症状。

据推测，到 2020 年，包括冠状动脉硬化在内的缺血性心脏病与重郁症将是造成全球疾病负担的前两名。过去十五年来，抑郁症与缺血性心脏病的双向关系是身心医学最热门的探讨领域之一。

研究结果发现：1. 抑郁症是缺血性心脏病发生的重要且独立的非传统危险因子；2. 缺血性心脏病人比起一般人有更高的抑郁症及抑郁性疾患发病率；3. 缺血性心脏病合并抑郁症的患者，其心脏病治疗的预后效果较差；4. 有几种病理生理机转可以解释两者的关联性。深入了解抑郁症与缺血性心脏病的双向关系有助于改善对这两类病人的医疗照顾。

其他重大疾病如癌症、中风、糖尿病、洗肾、高血压、阿尔茨海默症等，跟抑郁症之间也有类似的双向关系。身体疾病可能增加罹患抑郁症的风险，而长期抑郁的情绪也可能增加罹患身体疾病的机会，两者之间形成恶性循环，也增加了治疗的难度。

根据统计，慢性疾病患者合并抑郁症的比例高达三分之一至四分之一，这使他们陷入悲观、绝望的情绪，而失去积极服药或复健的动力。但人们往往只注意到身体疾病的治疗，而忽略了抑郁症的处理，让治疗效果不尽理想。除此之外，抑郁症也容易跟其他精神疾病一起出现。超过 50% 的抑郁症至少合并一种焦虑症，很多患者也常因物质滥用，最后导致抑郁症。此外，饮食失调、社交焦虑、酒精及药物成瘾、过动症、自闭症、俗称的“自律神经失调”、精神官能症患者，往往也有较高比例的抑郁倾向。当抑郁症同时合并其他疾病，往往让患者在身心极度不舒服的情形下，影响情绪、工作和人际关系，甚至失去就业机会，造成家庭极大负担。

还有一件值得注意的事，要提醒大家：有些身体疾病的症状跟抑郁症很相似，需要特别留意和分辨。这种身体疾病与抑郁症的区分，有时候在治疗初期，很难清楚分辨，需要持续观察一段时间，或尝试性地用药物治疗，观察治疗的反应之后，作为鉴别诊断的参考。

例如，很难被早期诊断出来的胰脏癌，它的初期症状可能表现出厌食、体重减轻、容易焦虑激动，以及莫名的抑郁等，跟抑郁症的表现非常类似。

又譬如，甲状腺机能异常（亢进或不足），也可能会出现精神散漫、记忆力差、疲倦、缺乏性欲、嗜睡、焦躁、易怒、体重减轻、失眠、注意力不集中等现象。

而脑部肿瘤的患者，有可能原本活泼外向，却突然变得不爱说话、嗜睡、内向、情绪失控、记忆力退化等。

曾有一位患者，初期以抑郁症的治疗方式，服药一段时间后，发现治疗效果不佳，且临床上出现脑压升高症状，为他安排核磁共振检查，才发现原来是大脑里长了东西，不是单纯的抑郁症。

此外，如心脏衰竭、失智症初期、某些药物中毒的症状，也跟抑郁症很类似，需要进一步鉴别。

所以，临床诊断时，最好先厘清是否有身体方面的疾病，并且积极治疗。虽然一开始不太容易区分，但持续地与专业人员合作，规则地观察追踪，等到身体疾病的因素排除之后，可以更确定抑郁症的轻重程度。

老龄化社会的重要课题：老年抑郁症

说到身体疾病跟抑郁症之间的关联，还有一个常见的例子，就是老年抑郁症。

年老本身并不会引发抑郁症，世界各国的流行病学研究甚至指出：老年人被诊断出重度忧郁症的概率，比年轻时来得低。但随着年纪增长、身体逐渐老化，各种毛病也陆续出现，视力模糊、牙齿松动、行动不便、慢性疼痛、睡眠障碍、健忘，等等，生活的自主性和控制感渐渐消失，心情难免容易沮丧和低落。

这时候，如果再加上心理和情绪的压力，如丧偶、孤独、经济状况不佳、家庭关系不良、人际支持网络不足、失能等，就会大大增加高龄者罹患抑郁症的概率。

是身体不适还是心理不适

老年抑郁症很容易被忽略，因为老年人的身体病痛多，常把“我不舒服”挂在嘴边，家人听多了，往往不太在意，这又让老人家觉得自己没有受到重视，而感到无助失落，心情更加挫败。麻烦的是，老人家感受到抑郁情绪时，通常不会说:“我不开心、我心情不好。”而是以“抱怨身体不舒服”来表现，只会描述自己失眠多梦、没胃口、头痛、便秘、拉肚子、感冒、骨头疼痛、手脚抽筋无力、尿频等。带他们到医院检查，也找不出毛病来，家人就更容易认为他们是无病呻吟，而忽视病情。

老人抑郁症有时不容易被诊断出来，病人或家人常常以为这些身体上的不舒服只是老化的正常现象，吃了一堆安眠药或止痛药，效果却不佳，这才发现是抑郁症在作祟。一般来说，年纪越长、身体疾病越多、支持系统越不足的老人，抑郁的程度可能就越高。

是大脑退化还是抑郁症

老年抑郁症还有一个很大的特点，是健忘。这种情况很容易与失智症混淆。不过，跟失智症不同的是，抑郁症经过治疗之后，随着情绪的好转，健忘的情况也会改善。但是从另外一个角度来看，许多老年人退化性的大脑疾病，如阿尔茨海默症、血管性失智症、帕金森病等，它们常常会合并忧郁症状，甚至它们的早期症状是以抑郁症来表现。临床上常常要治疗一段时间，才能区分抑郁与大脑退化之间的关系。

总之，如果家里有个不断抱怨病痛的老人家，可以先通过内科或神经科的检查，或是与精神科共同照护。除了确认身体健康状况，也要留意他们的情绪状态。若发现他们常常躺在床上、坐着发呆、不愿出门、不爱活动，或者有悲观、心情闷闷的、焦虑不安、自我否定、容易生气、看什么都不顺眼、生活自主能力降低、体重莫名减轻等情况，最好寻求精神科医生或临床心理咨询师来进行诊断和咨询。

老年抑郁症经常被低估

我国已经逐步进入老龄化社会，可以预见，老年抑郁症将是未来精神医疗的重点之一。

台湾地区老年人抑郁症的发病率，其实并不低。台湾老年精神医学会黄宗正医师曾指出，台湾地区正在快速老化，六十五岁以上的人口超过二百六十万人，若依照相关的调查数据，以老年抑郁症发病率约12%来计算，岛内至少有三十一万名高龄者深受抑郁症困扰。

而根据台北荣总医疗团队在石牌地区所作的调查得知，社区中的老年抑郁症人口发病率大约是9.8%，女性比男性多。

老年抑郁症的严重程度，通常与鳏寡孤独、身体疾病（如中风、认知功能障碍）、低社会地位有密切关系；尤其是身体的疾病，是引发抑郁症最常见的危险因子。身体的毛病越多，老年人罹患抑郁症的概率也会越高。

临床发现，不仅住院老人罹患抑郁症的情况相当普遍，一般家庭中也有许多老人出现抑郁症状，由于尚未达到诊断标准，而被家人忽略，以致没有受到合理的协助。

老年人一旦罹患抑郁症，并发的行为症状将很令人头痛，也会让原有的身体疾病雪上加霜。

例如，很多老人生病之后容易失去斗志，不听医嘱、不想起身活动、自暴自弃、食欲降低、营养不良甚至长出褥疮等，让原有的骨质疏松症、糖尿病、高血压等慢性疾病更加恶化，然后又加重抑郁症的病情，形成恶性循环。

到底有多少抑郁症的个案

抑郁症是不分男女老幼、贫富种族阶级都有可能罹患的精神疾病。不过，每个国家的社会文化和精神医疗状况很不一样，因此，抑郁症的发病率在世界各地之间的差异性也很大。

早在20世纪80年代，针对重度抑郁症的终身发病率，国际间曾进行过一次跨国（含地区）性的大规模调查。到了21世纪，又有最新的调查结果出炉，如图三。

调查结果发现，重度抑郁症的终身发病率，以美国最高（16.9%），亚洲地区的抑郁症发病率明显比欧美国家低很多。

这是为什么？表示东方国家真的比西方人快乐吗？

通过仔细分析，不少学者认为："抑郁症"这个诊断概念主要来自西方医学，不见得适用于东方人。因为

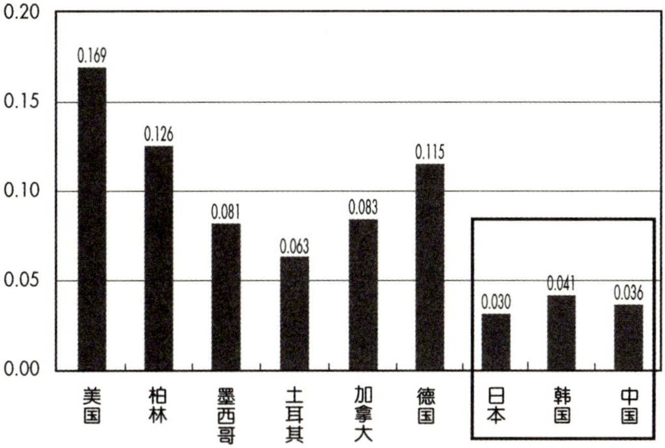

图三 重度抑郁症的跨国（含地区）性调查

东方人在表达感受时，跟西方民众很不一样。西方人会主动诉说心情方面的困扰，东方人则习惯用“身体不舒服”来主诉。这是一种文化上的差异，东方人在求诊的过程中，并不会以情绪症状作为主要的抱怨。

这个分析很符合在门诊时看到的现象。很多患者虽然感受情绪痛苦，却说不出口，或不知如何描述那种感觉，只会以身体化的症状来表达，如头晕、没胃口、胸口闷、没有力气、睡不好，等等。

所以，台湾地区的医生都很有经验，当患者抱怨这些症状时，他们通常会先给患者进行身体检查，让患者安心。如果身体没问题，之后再来处理情绪和心理压力的部分。

此外，也有学者认为，亚洲地区的抑郁症发病率较低，可能与东方文化的家族特性有关。跟西方人比较起来，东方人的家庭关系比较紧密，会互相关怀和提供帮助，邻里间的互动也比较强，这样的支持系统让抑郁症比较不容易发生。

抑郁症发病率逐渐上升

不过，随着时代的发展、社会变迁、家庭结构功能改变，生活压力越来越大，不论东方或西方社会，抑郁症人口比例都在上升中。一般来说，抑郁症的人口比例在5%～20%之间。

根据美国疾病管制与预防中心（CDC）2012年的报告，抑郁症的一年发病率是9.5%，表示每10个人当中，就有1位正在承受抑郁症之苦。全美的抑郁症人口估计超过两千万人。

根据台湾地区相关部门调查，曾经以“台湾地区人抑郁量表”对2万多人进行调查，发现有5.2%的民众问卷得分达到重度抑郁程度，但求诊率却只有2.3%。以年龄区分，65岁以上的老人有8.4%，15岁到17岁的青少年则有6.8%，问卷得分达重度抑郁程度。以性别区分，女性抑郁者有10.9%，男性6.9%，女性是男性的1.8倍。

台湾地区知名教授郑泰安的研究报告中发现：台湾地区常见精神疾病（包括抑郁症和焦虑症）的发病率，自1990年的11.5%上升至2010年的23.8%，短短20年之间，呈倍数增长。而且此发病率与失业率、离婚率及自杀率有着正相关。

台湾地区董氏基金会连续3年的调查则发现，2010年有11.8%的民众、2011年有18.1%的中学生、2012年有18.7%的大学生，表达有明显的抑郁情绪。

以上的调查数字虽然各有不同，但共同的结论就是：抑郁症已经是现代社会中最常见的精神健康问题。

但人们对于它的认识和了解，仍然有进步的空间。

有人形容抑郁症是“心的感冒”，两者都是很常见的疾病。然而，社会上对于抑郁症的知识不足，再加上对精神疾病讳疾忌医，让很多患者在病发之初，不愿承认自己有抑郁症状，结果错失早期治疗的良机，从轻度抑郁转变为重度抑郁，增加治疗上的困难度。

所以，了解抑郁症的第一步，就是要“去污名化”。抑郁症不是无病呻吟，也不只是单纯的心理困扰，更不是安慰当事人想开一点儿就可以解决的。如果发现自己或亲友有抑郁症的倾向，最好尽快寻求专业协助，及早走出情绪的幽谷，重见快乐的阳光。

抑郁症是很常见的一种疾病，它并不可怕，只怕你不求助。只要勇于面对，善用资源，有很大的机会是能得到改善的哟！

第二章

当情绪不断低落：重度抑郁症

一旦罹患重度抑郁症，患者会陷入绝望的幽谷中，遗忘了快乐，也遗忘了生命的美好，陷入无边的黑暗和无意义当中。

那种说不出的痛苦，没有亲身经历的人很难体会。

生病的时候，有一种难以言喻的痛苦感受，觉得一天好漫长。

身体很累，但是又躺不住，一整天只期待一件事就是晚上睡觉，因为痛苦的感觉会暂时休止，但是……往往又睡不着。

不要被“重度”这个词吓到

在精神医学的诊断分类学上，不论是 DSM－5 还是《国际疾病分类》（ICD－10），都有“重度抑郁症”（major depression）或是“重度抑郁发作”（major depressive episode）这个诊断类别。

罹患重度抑郁症，患者会陷入绝望幽谷中，遗忘了快乐，也遗忘了生命的美好，只是陷入无边的黑暗和无意义当中。那种说不出的痛苦，没有亲身经历的人很难体会。

许多人被重度抑郁症的“重度”二字吓到了，一听以为是不治之症，仿佛注定悲惨一生，尤其是病人在生病的时候特别悲观，一听到这个诊断，悲观程度又雪上加霜。

其实“重度抑郁症”或是“重度抑郁发作”只是

一个医学专有名词，有相当高比例的个案可以完全痊愈，虽然有可能复发，但还是可以积极治疗的。

重度抑郁症的高发年龄，在30岁至50岁之间，这段年龄正好是人生责任最重大的阶段，要承担家庭职责、赚取薪资收入，又要在社会上担任中坚角色，是生命最精华的青壮年时期，却也是抑郁症发病的高峰期。

抑郁症发作时，除情绪低落，也会出现注意力涣散、精神萎靡、易疲累、社交退缩，导致无法工作、经常请假、生产力下降，造成家庭、社会和医疗资源的负担。

据世界卫生组织预测，到2020年，抑郁症将会列居人类失能（disability）疾病的首位。而根据美国哈佛大学的研究，造成人类社会整体疾病负担（Global Burden of Disease）的前十名疾病当中，抑郁症位居第二名。抑郁症是21世纪职场最常见的主要疾病，造成严重的社会经济负担，美国每年的损失估计达到43万亿元。

所谓失能，简单地说，就是无法执行工作，也无法照顾自己的日常生活。世界卫生组织的研究指出，重度抑郁患者平均每个月的失能天数为 8 天。而美国的全国调查则发现，在一年之内，抑郁症患者的失能天数超过一个月，有 35.2 天。

至于台湾地区的情况，社区样本的流行病学研究指出：台湾地区重度抑郁症的发病率虽然比西方国家低，但患者的失能状况却很严重，一年高达 74.9 天，是美国的两倍以上。有一种可能的解释是：除了东方人普遍不习惯精神疾病这个标签外，台湾地区的人比较能忍耐，一定要非常痛苦、失能很严重了，才会在以西方人标准设定的诊断工具中，达到符合生病需要的诊断标准。

此外，求助行为也是一个问题。据统计，美国抑郁症患者曾经寻求专业协助的比例是 57.3%，而台湾地区患者的求助比例却只有美国的三分之一，20% 左右。这种发病率较西方国家低，失能程度较西方国家高，求助行为较西方国家低的倾向，也曾在北京、上海、日本、韩国的类似调查中被印证。

在失能的同时，当事人所承受的身心痛苦的代价更难以估计。曾经有西方研究指出，有15%的重度抑郁症患者死于自杀，这种悲剧所造成的损失与遗憾，是一道难以愈合的伤口。

当抑郁症发作时，受苦的不只是当事人而已。一旦家中有人罹患抑郁症，除了经济问题、照护及医疗负担之外，还可能造成家庭失和、争吵、离婚、家庭暴力、儿童虐待、管教不当等问题，让整个家庭也陷入失能危机。

尤其是长期担任照顾角色的家属，往往疲惫不堪，却无人可以诉苦或分担。因为心力交瘁所产生的无力感、担心患者自杀的不安感、被患者责备或误解的委屈感和愤怒感，长期累积下来，可能引发家属的抑郁症也一并发生。

由此可见，重度抑郁症影响广泛，个人、家庭和社会都深受其苦。这是不容忽视的精神疾病。那么，到底症状要多严重，才算是重度抑郁？本章就针对它的五大关键症状来加以说明。

| 小 | 常 | 识 |

重度抑郁症的五大关键症状

在临床诊断上，重度抑郁症并不是只有单一症状，而是包含情绪、认知、行为、趋力等各方面症状，且同时成群结伴而来，专业上称之为“症候群”。

核心症状：持续性的情绪低落；对于原本有兴趣的事情失去兴趣。

情绪症状：愁苦郁闷、悲观无助。

行为症状：精神运动迟缓、倦怠、自杀行为。

认知症状：注意力障碍、犹豫不决、罪恶感、负面思考、自杀意念。

趋力症状：失眠或嗜眠、体重减轻或增加、性欲减退或增加。

要评估这些症状的严重程度，除了患者本身的主观自诉之外，也可加上家属和亲友的观察和描述，以帮助医生进行诊断评估。

核心症状：持续性的情绪低落，对一切失去兴趣

重度抑郁症最主要的核心症状就是持续性的情绪低落，或对一切失去兴趣。

对于核心症状“持续性的情绪低落”，要注意的是“时间的持续性”。根据 DSM－5 的定义，患者情绪严重低落的症状必须持续一天之中大多数的时间，夜以继日都没办法好转，且超过两周，才算是达到重度抑郁发作的标准。

所以，像学生在上课时死气沉沉，下课后却活力充沛，“上课一条虫，下课一条龙”，或是上班族每逢星期一就愁眉苦脸、唉声叹气、充满 blue Monday 的心情，但到了星期五立刻容光焕发、兴高采烈，这些都不是抑郁症的症状。

又例如，跟家人或好朋友吵架，伤心时哭哭啼啼，过两天和好了，马上笑逐颜开，尽释前嫌。或一个人孤单寂寞，自怨自艾，但只要亲友来探望，立刻开心迎接，谈天说笑。这也不是抑郁症的典型症状。

一般人在正常状态下，情绪是起起伏伏的，有时候开心，有时候生气郁闷。但抑郁症发作的时候，情绪处在低潮且持续，没办法感受到快乐，陷入旁人无法明白的痛苦中。这是它的第一个核心症状。

第二个核心症状是：对原本有兴趣的事情失去兴趣。当我们肚子饿时，吃东西会觉得很满足，这是人类的基本需求，再自然不过。但对一个重度抑郁症患者来说，连吃东西都变成痛苦的过程。他勉强拿起筷子，随便舀一口饭送入口中，却食而无味，没有任何愉悦感，进食的目的只是避免饿死，完全没有享受的感觉。或者平常交友广阔的人，很喜欢“人来疯”，跟大伙笑闹取乐，但当抑郁来敲门时，却整天足不出户，连打电话给朋友都失去动力，甚至变得退缩，人际互动不再带来快乐，反而变成沉重的负担。

有个老奶奶来门诊时，不断落泪，满心愧疚。她以前很疼爱孙子，看到他们就会发自内心地喜悦，洋溢慈爱的笑容。但抑郁症发作时，她一看到孙子就烦，觉得他们好吵、很讨厌，但同时又感到自责，充满罪恶感："我真是一个不称职、很糟糕的奶奶，怎么会讨厌自己的孙子呢？"老奶奶的亏欠感和自我谴责不断循环、累积，虽然也想振作起来，却力不从心。

这就是"对一切失去兴趣"的核心症状。似乎再也没有任何事物可以带来快乐。

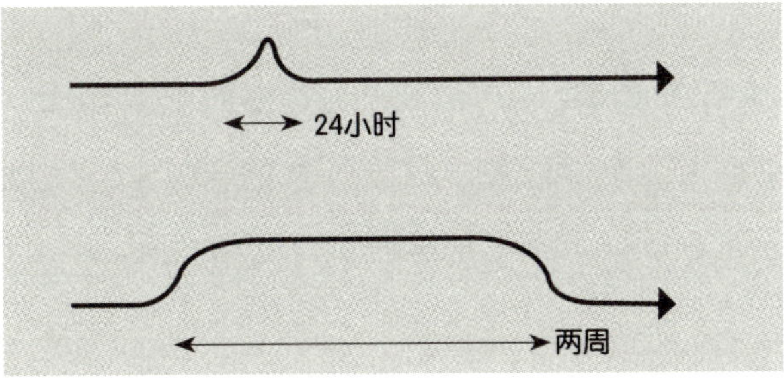

图四　重度抑郁症的确诊条件：一天当中大部分时间都情绪低落，且至少持续两周以上

情绪症状：愁苦郁闷，失落无助

重度抑郁症发作时，患者宛若戴着灰色眼镜看世界，眼前一片绝望，内心充满失落感，整个精神状态被愁苦所笼罩，感到槁木死灰、虚弱无助、没有存在价值、生不如死，陷入别人无法理解的痛苦当中。

以下是一些患者的心声：

“生病的时候，有一种难以言喻的痛苦感受，觉得一天好漫长。身体很累，但无法熟睡休息，一天里面只期待一件事，就是晚上睡觉，因为痛苦会暂时休止，但是……往往又睡不着。”

“无论晴天还是阴天，心情一直都很低落。就像有块巨石永远压在心头一样。无论什么样的开心事，都无法彻底开心，哪怕正在大笑，内心深处永远是沉重、阴冷及黑暗。”

“最近我很容易哭，只要一点点小挫折就感到非常难过、几近绝望，然后就会很想哭、一直哭，歇斯底里，无法控制。觉得我的生活只是不断在经历挫折，不断让我感到自己的无能和失败……”

“我像被关在暗无天日的牢笼中，无法和外界交流，以前热衷的事情或高谈阔论，都变得很遥远、没有意义。我好像变成了一具残骸，被挖空，活着好累好烦好痛苦，很想逃到没有人的地方……”

“我不想吃东西，只想睡觉，就算醒了也不想起来，只想整天躺在床上，有时会闷到哭出来，哭完以后，心情更低落。每发作一次，下一次就会加重。这是实实在在的煎熬，这时候你会明白所谓‘人间地狱’是怎么回事儿，看到墙壁就很想撞上去，真想早日结束自己的生命以脱离苦海……”

哭泣、悲观、绝望、自责、觉得一切都没意义，这些都是重度抑郁症很典型的情绪症状。它发作时，宛若

狂风骤雨，几乎要把人整个吞没。但外人不容易理解，以为他们是自我沉溺、想太多、爱钻牛角尖，其实，患者自己也很想脱离这种痛苦，只是无能为力。

尤其是当抑郁症发作时，对别人的批评很敏感，很容易把别人的冷漠、不耐烦或指责过度放大，或把别人善意的劝告加以扭曲，以致增加自己心理的压力，让情绪更加恶化。

行为症状：精神倦怠、迟缓、自杀行为

当一个人陷入极度抑郁时，会出现一种“精神运动迟缓”的现象，动作会变得迟缓，思考变慢、反应慢、做事慢，处理公事的决策也变慢，做家事更是慢吞吞的。除了慢，还很容易疲累，体力变差，只要做一点儿事情就感到倦怠，做事效率大打折扣。

有些人可能严重到变成木头人，失去活力，讲话声音变得很小，或者不想说话，经常累得不想动，整天只想躺在床上。如果旁人不勉强他，有时连穿衣服、把手举起来的力气都使不出来，甚至整天都不想吃饭。

很多时候上司、同事和家人会批评：“怎么做一点儿事就没力气，半天都没进展，你根本是偷懒。”但患者真的很委屈，他们并非有意拖拖拉拉，而是不得已。

行为症状更重要的一点是，患者变得极度悲观，觉得一切毫无希望、病情不会好转，工作和生活只会越来越糟，不断讲一些自责、愧疚、丧气、觉得活着没意思、自己很没用、没价值、没意义、什么都做不好、只会拖累别人之类的话语，像录音机一样不断播放，不但折磨自己，也折磨身边的家人。

持续悲观之后，心力交瘁，可能就产生出“死了算了”的念头，想要结束一切痛苦，反复想到死亡。不过，在行为层面上来说，轻度抑郁患者偶尔会冒出死亡念头，但会被自己吓到，因此会主动求救；重度抑郁患者虽经常萦绕死亡的念头，幻想死亡的宁静，但缺乏力气去执行；最危险的反倒是中度抑郁的状况，较有可能将念头化为行动，有时就因一念之差，而发生伤害自己的悲剧。这是需要小心防范的。

抑郁症发作时，患者比任何人都想要脱离这种痛苦，他们是“不能”，而非“不为”，亲友要多体谅，避免指责，才不会增加冲突的压力！

认知症状：注意力障碍、犹豫不决、罪恶感、负面思考

重度抑郁发作时，经常会有注意力障碍，感觉脑筋变钝了，生活中原本习以为常的小事，突然变得很困难。

有位个案曾经这样描述自己的失魂状态：发病时，他正在看电视，明明每个演员他都认得，演哪一出戏也都知道，可是剧情和故事却无法明白，跟不上中文字幕的速度，有看没有懂。当他翻开报纸，每一个字都认识，可是整则新闻在写些什么，他完全抓不到意思，串联不起来。

还有一位研究生，功课向来不错，发病后，注意力很难集中，连阅读都要费很大的力气，甚至路边招牌的每个字都看得懂，但意思却抓不住，也不敢去上课，因为完全听不懂老师在说什么，一切都变得好陌生！以前

的能力和自信，忽然被剥夺了，生活和学习都变得很吃力，让他非常沮丧。

再者是犹豫不决。重度抑郁症发作时，患者常被生活的琐事卡住，无法做决定。比如，起床换衣服准备出门，却不知该配红色还是蓝色领带，为了一条领带而犹豫半个小时。强迫性精神官能症的患者也会如此，但他们是为了“确定这条领带是最完美的”，抑郁症患者则是“无法下决定”。

重度抑郁症也很容易引起罪恶感。他们陷在“自己一定是做错了什么”的旋涡，把自己贬成一个无趣、没用、一无是处、糟糕透顶之人，觉得自己成事不足败事有余，会把一切都搞砸。即使是很正常的小事，一旦抑郁症发作，就会被放大，以前说错的话、做错的事、投资一只错误的股票、对先生太坏、对太太不好、对孩子太凶，所有的“错事”一股脑儿跑出来，觉得自己的一生充满亏欠，什么都错了。

少部分患者可能会产生“罪恶妄想”以及与自责有关的“幻听”，认为自己的某一个小小行为是罪大恶极，对不起别人，乃至对不起全世界，认为“因为自己的错，才会得到这个病”，将过去的事情全归罪在自己身上，觉得自己不值得活在这个世界上。临床上需要与其他的精神疾病做鉴别诊断。

还有一项认知症状是负面思考，什么事都往坏处想，没办法看到光明面，认定一切毫无希望、生活痛苦、人生毫无价值、充满罪恶黑暗。有些患者甚至会产生一种“虚无妄想”，如曾有患者认为自己的肠子全烂掉，肚子里变成一片空洞，器官都消失不见；也有患者不断以为家里的保险箱被偷，财产全没了。

这种负面想法就像我们常听到的“半杯水”故事：两个人在沙漠中迷路，茶壶里有半杯水，乐观的人微笑着说：“幸好还有半杯水，我们一定可以找到绿洲。”悲观的人却一脸悲苦：“只剩下半杯水，我们死定了。”

在抑郁症发作的当下，患者会执着于悲观的想法，并渐渐升起想要结束一切痛苦的意念，死亡的宁静宛若一场诱人的邀约，有如致命的吸引力，在患者的脑海中盘旋不去。

趋力症状：失眠或嗜眠、体重改变、性欲改变

抑郁症患者可能出现睡眠障碍，有的会失眠，晚上睡不着，因此过着昼夜颠倒的生活。有的则是嗜眠，疲倦到一整天都在昏睡，醒不过来。

还有一种比较特别的失眠症状，临床上称之为“半夜早醒型”的失眠，闹钟还没响，他已经提早两个小时醒过来，而且很清醒，再也无法入睡。一般人可能因为想上厕所、口渴而半夜醒来，但很快又能入睡，可是对抑郁症患者而言，睡眠却在此时结束了。

偏偏让人非常困扰的是，早晨通常是患者情绪最低落的时刻，简直跌到了谷底，之后才会慢慢爬升，下午逐渐好转，晚上变得平稳，睡前则是一天当中心情相对比较好的时刻。半夜早醒后，又再次跌到最低点。这样的周期状况，家人并不容易理解，只看到患者晚上的状况明明还不错，早上起来却又一副无精打采、萎靡不振的样子，以为患者是偷懒不想上班或上学，因而出言责备。

重度抑郁症患者的体重往往也会发生变化，多半的情况是变消瘦，因为心情低落、肠胃不适、食欲不佳、食不知味，所以吃得很少，体重明显往下掉。不过，比较年轻的患者也可能相反，因为嗜睡、整天不动，影响到新陈代谢的速度，而容易变胖。也有人会出现暴食行为，想用吃东西来纾解情绪压力，使体重快速增加。

重度抑郁时，对一切都失去兴趣，第一个舍弃的往往是性欲。对性爱和亲密行为没有丝毫欲望，也不再花心思打扮自己。渐渐地扩大范围，对一切人际互动和社交聚会都没有兴趣，不想出门，只想蜷缩在忧郁而灰暗的角落。

从以上这些症状可以知道，重度抑郁症发作时，确实非常辛苦，患者不论在身体，还是心理和精神上都备受折磨。因此，要能够同理患者的苦楚，帮助他们接受

治疗，陪伴并鼓励他们走上康复之路，这是非常重要的。

当然，仅有这些症状，还不足以诊断为重度抑郁症，需要考量其他许多因素。在医学上诊断有没有生病这件事，就交给专业人员去伤脑筋吧。

另外，再一次强调，重度抑郁症的“重度”两字，常常把容易悲观的病患给吓坏了，会将它误认为“不治之症”，其实这只是疾病命名的文字选择，重度抑郁症是可以治疗的，甚至有机会完全复原。

第三章

为什么会得抑郁症

抑郁症的发作是许多因素的共同作用，任何精神疾病的发生，都融合了生物、心理人格及社会压力事件三个层面的病因，抑郁症也不例外。

我做事一向全力以赴；

做人面面俱到，事情还没发生就开始盘算；在公司里，老板器重、部属仰望；在家里，教养子女、支持配偶。我这么认真，为什么是我得抑郁症？

人类双胞胎研究带来的启示

目前对于体质或环境的病因学探讨，最常使用的方法是双胞胎研究。

大家都知道，双胞胎分为两种：一是同卵双胞胎，拥有100%相同的基因；二是异卵双胞胎，跟一般兄弟姐妹一样，遗传基因的相似度平均是50%。所以，如果某个疾病有比较高的遗传倾向的话，同卵双胞胎同时发病的概率比异卵双胞胎要高。

换句话说，通过研究双胞胎罹患同一种疾病的情形，可以了解精神疾病的遗传概率。排除掉先天遗传因素之后，就可知道后天环境的影响范围有多大。

针对重度抑郁症病因的双胞胎研究，美国知名精神病学与人类基因学的教授甘尼斯·肯得乐（Kenneth S. Kendler），曾经花费数十年时间，长期追踪一千对社区样本的女性双胞胎（同卵、异卵都有），并发表重要的研究报告。这份研究合并遗传、环境、社会等因素，希望找出抑郁症的危险致病因子。

这份研究的资料非常庞大，综合分析之后发现，抑郁症可能的致病因素至少有几十个。经过进一步的归纳整理，肯得乐博士找出直接影响发病风险的九项重要因素，如图五。

每一个危险因子的影响系数越大，代表在抑郁症发病的过程中扮演越重要的角色。

从图五可以看出，造成抑郁症排名第一的影响因素，是“与自己行为有关的生活压力事件”（dependent stressful life events，影响系数 0.35），在这种压力事件中，个体的行为扮演一定的角色，例如，与长官冲突、与父母亲争执、兄弟姐妹争夺遗产、考试失利、与邻居打官司等。这些生活压力事件的发生，有可能与个体发病前逐渐累积的抑郁情绪或个人特质有关，通过个体的行为，生活压力事件形成恶性循环，使个体承受更大的痛苦和压力，最终导致重度抑郁发作。

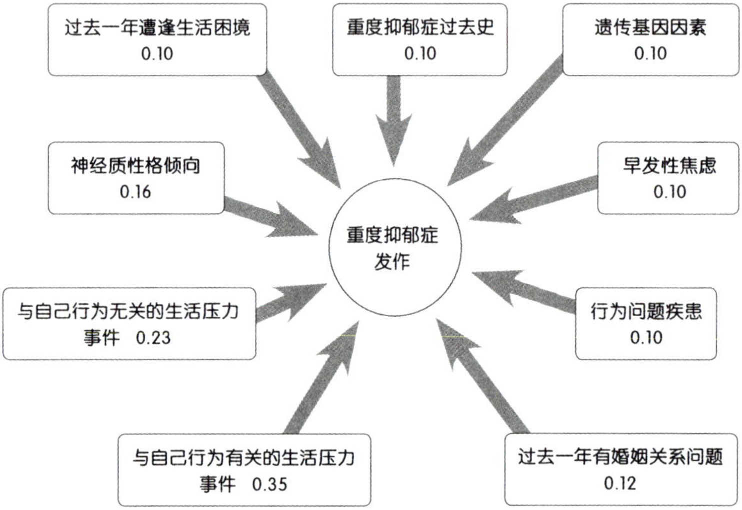

图五 重度抑郁症的有关调查

第二高的影响因素是"与自己行为无关的生活压力事件"（independent stressful life events，影响系数0.23），类似"运气不好"这个概念，这种生活压力事件中个体没有扮演积极角色，可能是随机发生，或是社会集体共同承受的重大压力，如天灾（台风、地震、洪水等）、传染性疾病（SARS、伊波拉病毒、禽流感等）、人祸（政治斗争、社会混乱、恐怖攻击等）、股市崩盘、金融危机等不可抗力因素。当这些灾祸降临，常会引发大众集体的焦虑和忧抑。各种不同的生活压力事件，与自己行为的关联性，往往是一个连续性的光谱，但为了容易呈现，学者在研究上把它一分为二来看。

此外，“过去一年有婚姻关系问题”（影响系数 0.12），以及“过去一年遭逢生活困境”（影响系数 0.10），也都是近期生活所面临的压力，也可能诱发抑郁症的发生。

以上四个因素都跟生活压力有关，不管在个人生活层面，还是天灾人祸的威胁，都让人措手不及、无法适应且深受伤害。由此可见，“压力”是造成抑郁症最重要的主因，也是现代人必须注意防范的精神健康杀手。

压力和性格的影响力，比遗传更显著

除了外在事件的压力之外，个人的心理特质也跟抑郁症有关。“神经质性格倾向”（neuroticism）特征的影响系数为 0.16，是排行第三的抑郁症危险因子。

口语“神经质”好像是骂人的话，但在心身医学领域中，“神经质性格”并没有任何贬抑的意思，而是指一种比较敏感的性格，能察觉别人的言下之意、弦外之音，并对外界刺激很容易有情绪反应。

从某些角度来看，“神经质性格”绝对是一种正面功能。各行各业许多杰出的人士，就是因为对很多事情比一般人要敏感仔细，未雨绸缪，因而能够迅速觉察大众需求和市场风向，于事先考虑各种风险，还能掌握别人无法掌握的细节，才会获得重大的成功。

不过，凡事有利就有弊。神经质特质的人因为对外界信息很敏感，所以，也比较容易感受到压力，甚至引发焦虑、愤怒或抑郁情绪。他们通常自我意识较高、较易有不安全感、带有防卫心和敌意、较脆弱、易受伤。当这样的性格遇到重大压力，就比一般人更容易暴发抑郁症。

最常见的神经质性格有下列几种：完美型性格、自恋型性格、依赖型性格、焦虑型性格、戏剧型性格、逃避型性格、侵略型性格等。

至于很多患者和家属所担心的“遗传基因因素”，

影响系数 0.10，表示在抑郁症这件事情上，确实受到遗传因素影响，但影响力并不算太大，重度抑郁发作，主要还是与压力、性格有关系。确实，跟其他重要的精神疾病（如自闭症、思觉失调症、躁郁症）比较起来，抑郁症的遗传率算是较低的，即使家中有直系亲属罹患抑郁症，其他家属的发病风险也只比一般人高出一些，概率并不高，患者家属不必太过担心。

抑郁发作，焦虑先行

图五中的“早发性焦虑”因素（影响系数 0.10）是指在发病前更早期，通常是十八岁以前患者内心就容易担心害怕或焦虑到生病的程度。如果我们没有办法适度地放松和纾解，遇到压力就更加紧张，甚至整天惶惶然不可终日，老是心神不宁，随时觉得有什么事要发生似的，或是不停地担心很多事情，例如，怀疑出门时瓦斯关了没有？明天股票会不会跌？忘了缴水电费，会不会被停电停水？担心孩子上学衣服穿得够不够？会不会被传染肠病毒或流行性感冒？地震来了怎么办？全球暖

化会不会更严重……尽管有些危险从来没有真正发生过，还是整天把心思反复放在这些潜在的不确定性和担忧上，想停又停不下来，经常处在焦虑状态，长期的情绪焦虑便是抑郁症发作的温床。

“行为问题疾患”（影响系数0.10）通常跟童年未解决的愤怒、焦虑和挫折感有关，如果没有学会控制冲动和负面情绪，而造成破坏性的行为问题，或被贴上“叛逆”“捣蛋”“坏孩子”等标签，导致日后被孤立、被排斥、被责备、疏离或暴力化的人际关系，往往就会形成抑郁症的潜在因子。

抑郁症有可能会复发，而且越复发越容易再复发

此外，还有一个需要注意的发病因素，虽然影响系数只有0.10，却不能掉以轻心，那就是“重度抑郁症过去史”。抑郁症是会复发的疾病，重度抑郁症可能一辈子只发作一次，但也可能重复发作，即使经过治疗痊愈了，往后还是有可能因某些压力因素而再度发作。而且，复发过一次，以后就更容易复发，必须小心留意。

这也是为何临床治疗时，即使患者的情况稳定，病症也完全好了，医生还是会再三叮咛，务必要继续服药一段时间，目的就在于预防复发。

抑郁症的病因很复杂，并不是单一因素造成，所以，千万不要责怪病人和家属，以免增加无谓的冲突和压力。

抑郁症来自压力、性格与体质三者交互作用

肯得乐教授的研究资料非常丰富，深具影响力，这是目前探讨重度抑郁症发病相关危险因子很重要的模型。我要强调一点，图六是非常简化的示意图，其实每一种病因并不是完全分开独立的，而是彼此之间盘根错节地交缠，说明抑郁症不是只起因于单一病因那么简单。

所以，千万不要再以单一因素去责怪抑郁症患者和他们身边的亲友，以为“都是因为怎样怎样，所以才会生病”。事实上，抑郁症的发作是许多因素的共同作用，这也是目前主流医学的观点：任何精神疾病的发生，都融合了生物、心理人格及社会压力事件三个层面的病因，抑郁症也不例外。

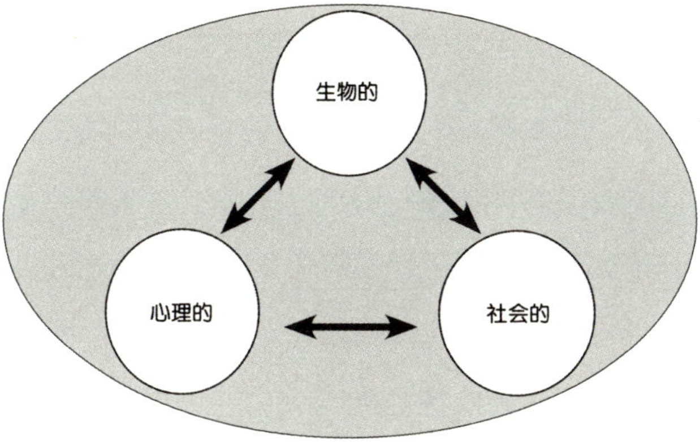

图六　精神疾病的病因学

生物性因素：与基因和体质有关

生物性因素包括先天遗传、体质、大脑损伤和病变，等等。一个人的先天体质跟基因有关，体质上抵抗力强的人，碰到环境压力可能越挫越勇，俗话说："风雨生信心。""天将降大任于斯人也，必先苦其心志。"就好像海水碰到岩石，激起漂亮的浪花。世界上有很多人都是在压力很大的困境中，激发出内在的潜能。

相反地，体质抵抗力弱的人，挫折忍受力较差，可

能碰到一点儿小事或一些不顺利，就深受打击，甚至罹患抑郁症。

通常，非常年轻就患有很重的重度抑郁症的患者，体质因素所占的比重可能较高。至于中年或老年之后才罹患抑郁症的人，除了环境压力因素的影响之外，也需要注意身体健康因素扮演的角色。

此外，部分慢性疾病和药物，也可能引发抑郁症。例如，心脏病、中风、糖尿病、癌症与阿尔茨海默症的患者，以及有酗酒习惯和药物滥用的人，罹患抑郁症的概率也较高；而一些降血压、治疗关节炎与帕金森病的药物，也可能与抑郁症状有关。

社会性因素：与生活压力有关

前面提过，压力是导致抑郁症最重要的因素。若观察抑郁症朋友的生活环境，往往存在诸多的慢性冲突，关系很紧张，家庭不再是安全的避风港，而是埋伏着蓄势待爆的地雷的地方，或冷淡疏离，让人无法真正放松。

当然，也有原本很和乐的家庭，因突发重大事件，使生活产生巨大变化，包括退休、失业、结婚、搬家、事业失败、股票被套牢、亲友骤逝、疾病、家庭冲突等，与抑郁症发病时序相关。

生活压力这件事很微妙，即使是一件让人快乐的好事，也可能带来压力。例如，结婚绝对是件大喜事，但对女方来说，如果必须与公婆同住，生活习惯和观念的不同，可能引起婆媳问题，再加上传统的孝道观念，即使受了委屈也不敢反驳，就有可能导致抑郁。退休也是一件好事。辛苦了大半辈子，终于可以放下肩上责任，过着悠游自在的生活。但对于没有培养嗜好兴趣、朋友不多、个性较为被动的人来说，生活突然失去重心，离开了社会角色和地位，人际关系也逐渐断线，便可能陷入抑郁和沮丧的失落中。

生儿育女更是人生最快乐幸福的美事之一，但带孩子的辛苦和压力，却是外人无法想象的。从襁褓中的吃喝睡拉撒、啼哭、生病的照料，到牙牙学语的智力发展，到学龄期的学校适应、人际交往、课业压力，到青春期的叛逆、升学问题……每个阶段都带给父母很多的压力和考验。

尤其是目前家庭里的家务大多数还是落在女人头上。以前的女人要伺候公婆、相夫教子、料理家务；今日的职业妇女，则是蜡烛两头烧，职场和家务要兼顾，照顾孩子的责任也常一肩扛起。难怪，在许多调查中，女性罹患抑郁症的比例比男性要高，她们所承受的压力确实不容忽略。

好事都可能带来压力，不好的事就更不用说了。当我们珍爱、熟悉的事物突然消失，或遭遇重大挫折，心中仿佛出现缺口，孤单、寂寞、悲伤、悔恨等诸多负面情绪缠绕，失落感将我们团团包围，一不小心，就掉入抑郁的旋涡中。

除了家庭生活之外，社会上的政治、经济结构对我们的影响也很大。

政治方面，有研究发现在贝鲁特以及中东地区，当战乱发生时，人们的生命财产受到威胁，甚至可能妻离子散、家破人亡，每天生活在不稳定和不安全的压力中，抑郁症的比例也会大幅升高。

经济方面，这是一个全球高速竞争的年代，在变化急遽的工作环境中，上班族承受着有形以及无形的压力，加上劳资双方不平等，从航空业、运输业、科技业到医护人员，越来越多行业的人员有“过劳”现象，疲惫和紧张长期累积下来，罹患抑郁症的概率也会升高。

心理性因素：与性格及认知模式有关

譬如，前文提过的“半杯水”故事，两个人困在沙漠里，悲观的人很绝望地哭泣：“只剩半杯水，我们死定了。”乐观的人却满怀希望：“还有半杯水，我们一定可以找到绿洲。”相较之下，悲观的人容易陷入负面情绪，带给自己更多的压力。

同样一个压力事件，有的人越挫越勇，有的人陷入抑郁，还有人很粗线条，根本不觉得是压力。这就是性格因素。

前面提到的神经质性格，是抑郁症的易发族群。此外，某些个性特质如自卑、太过依赖、容易自责、喜欢逃避、无法表达负面情绪、过度敏感、经常闷闷不乐等，也容易出现抑郁情绪。

还有一种容易压力过大的个性，就是不懂得拒绝。临床上，经常有许多中高阶主管来求诊，个个都是求好心切、超级认真负责的积极型主管，为了不给属下添麻烦，事必躬亲、废寝忘食，一天工作超过十几个小时，为公司和部门打拼。这种人在职场上深受部属爱戴、老板倚重，相对地，要背负的工作量、业绩压力和人际包袱也比其他人要大，这类族群“过劳”的情况非常严重，是罹患抑郁症的高危险群。

所以，有时抑郁症是一种“好人病”，越是认真严谨、兢兢业业的“滥好人”，越容易罹患。因为他们太有责任感，不会说“不”，凡事使命必达，把压力全往自己身上扛，把辛苦往肚子里吞，直到有一天，突然觉得自己力不从心，或一切都失去意义，抑郁症也就忽然来袭。

除了个性之外，某些不合理的认知模式也容易导致抑郁。例如，有些人习惯将很多事情都跟自己扯上关系，以天下兴亡为己任，以为事事关己，连孩子成绩不好，都认为是自己没尽到责任，给自己很多压力。

有的人思考缺乏弹性，凡事采用二分法，非黑即白，不容许灰色地带，不是朋友就是敌人，不成功就是失败。有的人则是以偏概全，看到一个人乱丢垃圾，就觉得这个人很糟糕，全盘否定对方。有的人则会断章取义、妄下结论，听到只字片语，就以为大家都在批评他、不喜欢他，而独自伤心或生闷气。

这些不合理的认知模式，平时或许只是一种反射性的习惯，没有大碍，但遇到压力事件时，往往就容易引发焦虑、抑郁、挫折等情绪反应。

与重度抑郁症相关的大脑功能变化

抑郁症的治疗及复健，已经是精神医疗领域刻不容缓的议题。不过，要治疗抑郁症，首先须了解抑郁症到底是怎么来的？

一般人遇到抑郁症，第一个最常提到的问题是：“为什么会生病？这到底是生理因素，还是心理因素？”尤其是家属，很希望赶快得到一个明确的答案。

例如，儿子去上班，结果抑郁症发作，家属可能认为：“肯定是上班时受到刺激。”不过，为什么大家都上班，有人会发病，有人却没事呢？

就像媒体上常常提到的：“现代生活压力大，是抑郁症的主因。”这句话听起来似乎很有道理，但问题是，压力无所不在，谁都无法幸免。每个人都面临许多压力，但有些人为什么会罹患抑郁症，有些人却不会呢？

于是，更多的影响因素纷纷被提出来：是因为遗传吗？是个人体质吗？是性格问题吗？还是因为意志薄弱？跟家庭环境和养育方式有关吗？还是遭遇到重大事件的打击所引起？此外，在我们的文化观念底下，有些人也会怀疑神秘力量的作用，如祖坟不好、中邪、因果业报等，不一而足。

关于抑郁症的病因，研究结果相当多样，而且每位患者的状况都不太一样，异质性相当高。唯一可以确定的是：任何精神疾病背后的病因，绝对不是单一因素可以解释，而是多方面的影响因素共同造成。

图解大脑功能变化

重度抑郁症并不只是情绪不好或心理有问题，而是临床上的一种生理疾病，主要是大脑生病了。

我们对于大脑内部构造的了解，随着科技的发展越来越清晰，尤其到了21世纪，核磁共振技术的发达，让我们更确定精神性疾病与大脑的病变息息相关。

大脑主要是由数百亿个神经细胞（又称神经元）所组成，有如一个大型的信息传输中心，通过“神经传导物质”接收身体各部位所传来的信息，并发送信息到全身，借此管控心跳、循环、情绪、思维、记忆与肢体动作等各种机能。所以，保持“神经传导物质”的化学平衡非常重要，如果传输过程中发生问题，或失去平衡，就会因信息沟通不良而产生疾病。

那么，为什么会罹患抑郁症呢？到底大脑发生了怎样的变化？

简单地说，抑郁症最主要的致病因素是压力。当我们面临压力时，身体会释放大量的神经介质（荷尔蒙），让我们全身戒备，用来对抗、奋战或紧急逃跑。这是动物和人类在面对真实或想象的危险时，为了求生存所产生的自卫反应。一旦压力消失，警报解除，大脑也跟着放松，不再分泌这些化学物质。

根据当代重度抑郁症病因学的假设，如果压力一直存在，不管是因体质、性格使然，还是外在环境的刺激，让大脑一直处在紧张状态，而长期持续分泌这些压力荷尔蒙，久而久之，都会影响到脑部功能，而走向抑郁这条路。

压力、抑郁症和大脑功能之间的关联，可用图七来简要加以说明。

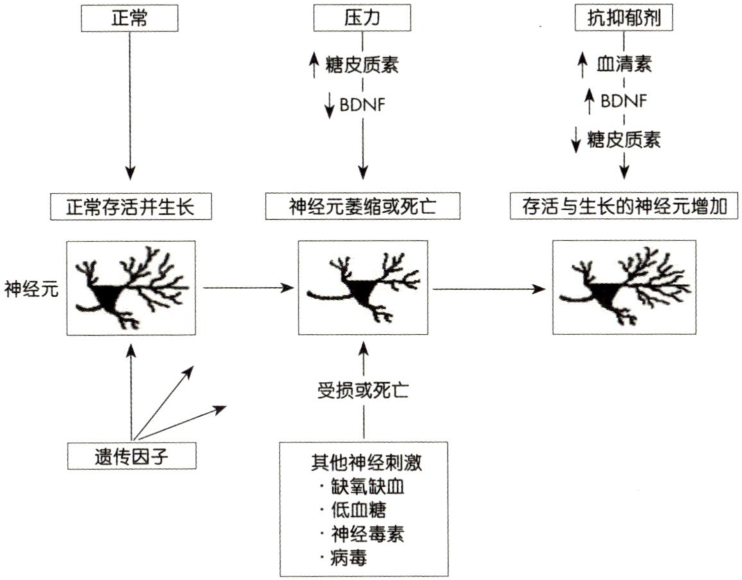

图七　抑郁症药物对大脑神经元的影响

在正常情况下，大脑的神经细胞应该有许多树突和轴突，像茂密的小树枝延伸出去，跟其他细胞密切接触，传导介质就在其中迅速流动、传递和接收各种信息。

其中，跟抑郁症最相关的神经介质有两种：第一种是称为糖皮质素（glucocorticoid）的荷尔蒙，可以提高粒腺体功能，提供细胞较多能量应付突来的挑战，让一个人在紧急情况下可以迅速采取行动。但长期压力可能造成持续高浓度的糖皮质素，反而降低细胞功能，影响大脑的修复和调适能力。这可能就是某些身体和精神疾病的根源。

第二种是 BDNF（brain－derived neurotrophic factor，脑衍生神经滋长因子），这是一种蛋白质，可以滋养神经细胞，促进细胞生长、分化和重塑。当 BDNF 的分泌充足，心情就会好，神清气爽，若长期压抑和不快乐，就可能抑制 BDNF，造成自律神经失调和抑郁。

从图七可以看到，当压力不断来袭，一方面会造成糖皮质素分泌过量、浓度过高，使细胞失去活性，降低功能；另一方面，BDNF 功能不足，会使细胞得不到滋养而受损或凋零。结果，细胞的树突和轴突就日渐萎缩，变成稀稀疏疏，导致神经传导不良，因而出现严重的抑郁症状。

这时候，开始进行药物治疗，情况有可能会慢慢改善。抗抑郁药物的功能，就是反转这些神经传导物质的分泌，一面降低糖皮质素的作用，使大脑细胞恢复活性；一面增加 BDNF 的效能，让大脑细胞重新受到滋养和生长，树突和轴突就会再度茂盛起来，因而达到治疗效果。

研究显示，从开始投药到症状明显减轻及治疗效果出现，大约需要四个礼拜，这正是动物实验中，萎缩的脑细胞重新生长所需要的时间。当大脑细胞开始修复，抑郁症就会渐渐远离。

近年来，有越来越多的研究证据指向“神经联结体”（connectome）这样的理论，可以用来解释人类许多认知、情绪与行为的特征。对于精神疾病，包括重度抑郁症，“神经联结体”理论，无论是在病因学还是治疗上的探讨，预料未来会更加丰富。举例而言，2015 年 10 月在《精神科顶级期刊》（*JAMA Psychiatry*）就有一篇研究指出：大脑颞叶（temporal lobe）与扣带迴（cingulate gyrus）某部分的功能联结不足，与个案容易自责有关，这种联结功能不足，也能预测重度抑郁症容易复发的程度。当然，站在科学研究的角度，这些发现要能够被挑战，也要能够被重复验证，这些发现在临床治疗上的意义才会更明显。

当心灵的感冒转成肺炎

就像人都会感冒，通常多喝水多休息就会好，但是若病毒细菌太强，或身体抵抗力太弱，感冒就有可能变成肺炎，严重时甚至需要住院。就像人都会跌倒，跌倒了再爬起来，拍拍灰尘继续向前走，但是如果跌得太重，或是骨质疏松，则有可能骨折，暂时爬不起来，打上石膏，吃一点儿止痛药，休息一阵子，又可以走路了。

重度抑郁症也是如此。它是一种大脑的疾病，它的表现涵盖行为和情绪上的复杂表现。它的病因是由多重因素造成，所以，在治疗上也必须多管齐下，分别从生理机能、心理性格和环境压力各方面进行治疗和调整，才是根本治愈之道。

抑郁症发作时，最好的办法就是尽快就医，千万不要拖延，以免大脑受到更多伤害喔！

第四章

得了抑郁症怎么办

目前，临床上针对抑郁症的治疗，包括抗抑郁药物治疗、电气痉挛治疗、穿颅磁刺激术治疗、支持性心理治疗、人际治疗、认知行为治疗、婚姻与家族治疗、动力心理治疗与精神分析、团体治疗等。

有人说心病需要心药医，我得了抑郁症，可不可以不要吃药，靠着心理治疗就好了？

不管是肺炎还是骨折，当一个人生病了，就要赶快去看医生、尽早接受治疗，这是大家都知道的事。但面对精神疾病，患者和家属的态度会有点儿不一样。

2005年，台湾地区曾进行了一份关于精神疾病的调查研究，发现10名重度抑郁症患者当中，只有2.5～3人愿意主动求诊，等于高达7成以上的抑郁症患者并没有得到专业的诊断和帮助。

最近几年，抑郁症已成为精神科和身心科门诊最常见的疾病，表示越来越多的患者和家属已经不再讳疾忌医，这一点很值得欣慰。

过去半个世纪，关于抑郁症的治疗方式，已有相当

的进步。如今，抑郁症是治愈率很高的疾病，所以，抑郁症患者和家属不用太担心，只要把握“早期发现、早期治疗”的原则，尽早求医，千万不要拖延而让抑郁症变成慢性化，使大脑长期受损，除了平白承受更多痛苦之外，也会增加治疗的难度。

抑郁症治疗方式的选择

很多患者来到诊间，经常会提到一个问题："抑郁症到底要怎样治疗？是要纯谈话做心理治疗，还是要吃药？"

前面提过，抑郁症并不是由单一病因造成，而是多重因素共同作用的结果，所以，在进行诊断的时候，十个患者可能有十个不同的病因组合，表现出来的症状也会有个别性的差异，因此，无法一概而论。通常，医生会根据患者的发病原因、病情轻重以及个人的独特需求，来决定选择哪一种治疗模式。

目前，临床上针对抑郁症的治疗，可以分为生物性和社会心理性两大类。

台湾地区核准的重度抑郁症生物性的治疗主要是抗抑郁药物治疗以及电痉挛治疗（Electro convuLsive Ther-

apy, ECT)。此外，西方许多学者也在累积“重复性经颅磁刺激术”（Transcranial Magnetic Stimulation, rTMS）、“经颅直流电刺激术”（Transcranial Direct Current Stimulation, tDCS），以及“深层脑刺激术”（Deep Brain Stimulation, DBS）等介入性治疗在重度抑郁症临床常规治疗的经验；社会心理性的治疗方式则包括支持性心理治疗、人际治疗、认知行为治疗、婚姻与家族治疗、动力心理治疗与团体治疗等。

至于治疗方式的选择，主要依照病情的轻重和症状的情况而定。

举例来说，如果是比较轻度的抑郁情绪，例如，受到外在环境的刺激和压力，而出现一些抑郁症状，但还没达到生病的程度，可以考虑先接受心理咨询，或许调整一下生活、减轻一些压力、改变某些行为和心态，不舒服的情形就有可能得到改善。像是转换环境、休个假、接触大自然、多跟亲朋好友聚聚聊聊、放下竞争和比较、每天晒晒太阳和多做运动、少看灰色负面的电视新闻等，都是很好的纾压之道。此外可考虑更进一步的心理咨询或心理治疗，针对造成抑郁情绪的主要原因，例如，完美主义的心态、婚姻问题、亲子冲突、缺乏弹性的认知模式、孤单寂寞、童年创伤等，通常都可以收到不错的效果。

当感冒转成肺炎

至于已经到生病程度的抑郁症，如重度抑郁症，就不能忽视了，建议一定要接受医生的评估及治疗。

台湾地区抑郁症防治协会特别针对重度抑郁症的临床治疗，提出五项原则，供各位读者参考：

1. 重度抑郁症是脑部疾病，不仅是心理因素所造成，应以治疗一般疾病的诊治态度积极面对。
2. 尽早获取正确的诊断。
3. 提供各种治疗模式及全面性的服务。
4. 社会心理处理对比较轻度重度抑郁症有疗效。

5. 生物治疗（如药物治疗）为重度抑郁症治疗之主要模式。

美国医学会 2010 年出版的《重度抑郁症治疗指引》，又将重度抑郁症分为轻、中、重三级。若病人的重郁症不算太严重，可考虑用药物治疗，或考虑专门针对抑郁症的心理治疗，或者两者合并运用。在某些急迫的情况下，也可以考虑选择电痉挛治疗。但是对于比较严重的重度抑郁症患者，不管有没有精神病症状（如幻听、妄想），药物治疗绝对是首选。若是自杀风险比较高，或是有僵直症状的患者，电痉挛治疗法可能是首选。当然，也可以同步进行抑郁症的心理治疗（如认知行为治疗等）。

换句话说，临床上面对重度抑郁症，无论病情是轻、中、重，药物治疗都可以作为选择，让患者的身心症状先得到缓解，以减轻痛苦，并防止病情继续恶化。等到患者的情绪比较稳定后，可以考虑再搭配心理治

	治疗方式的选择			
疾病严重程度	药物治疗	抑郁症的心理治疗	药物治疗合并心理治疗	雷气疗挛治疗
轻度到中度	是	是	是	某些患者适应
重度但无精神病症状	是	不	是	是
重度且有精神病症状	是	不	是	是

图八 美国精神医学会的重度抑郁症治疗建议

疗，调整认知和性格模式，以及面对压力的技巧，这才是治标又治本的康复之道。

英国系统的 NICE 治疗指引记载：心理治疗是轻中度重郁症治疗的选择之一。问题导向治疗（problem - solving therapy）、认知行为治疗或是人际关系治疗（interpersonal therapy）是目前实证科学认为对抑郁症有效的治疗。

|小|常|识|

抑郁症的治疗选择

生物性治疗

1. 药物治疗

2. 电痉挛治疗

心理治疗

1. 支持性心理治疗

2. 人际治疗

3. 认知行为治疗

4. 婚姻与家族治疗

5. 动力心理治疗与精神分析

6. 团体治疗

重度抑郁症的治疗流程

重度抑郁症的治疗时期大致可分为三个阶段：急性期、持续治疗期、维持性治疗期。每个阶段所需要的治疗时间不同；原则上，急性期约6至12周、持续治疗期约4至9个月、维持性治疗期则大约1年左右。

图九中的实体线条，代表一个人的情绪状况。正常的时候是处在“一般情绪状况”，当情绪开始低落，曲线便下滑，逐渐出现失眠、食欲降低、负面思考、动作变慢、体重减轻、退缩沮丧的现象，表示有了“抑郁症状”。

随着严重程度增加，症状会越来越强烈，开始对一切事物都失去兴趣、没办法思考和专注、整个心灵陷入黑暗的迷雾之中、悲观哭泣、再也快乐不起来，甚至有了想死的念头，而且持续超过两周，这就进入了“抑郁

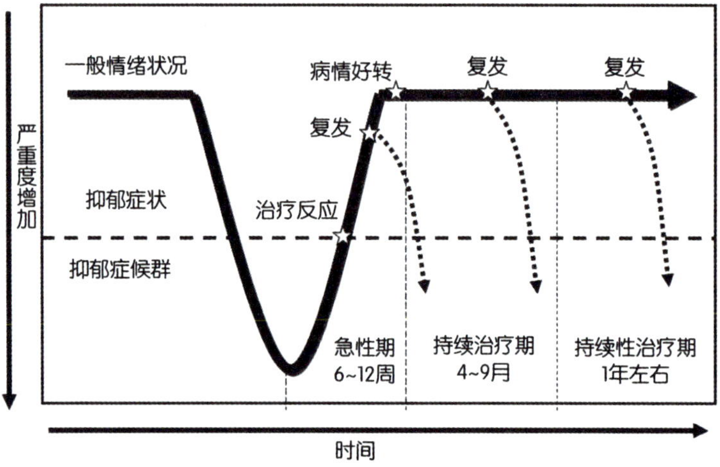

图九　重度抑郁症的药物治疗历程

症候群”，也就是到了发病的程度。

急性期：疗程大约 6 至 12 周

患者会到医院求助或是被家属带来，一般都是在症状很严重的“急性期”，甚至有可能出现自我伤害的行为，或一再浮现自杀的念头。这时候，最重要的一步，就是尽快解除患者的痛苦，所以药物治疗是首选。

如果评估患者自杀的危险性较高或病情相对严重，必要时可安排短期住院，以密集药物治疗及行为观察，以及提高周遭环境的安全保护系数，降低自杀风险，以免发生憾事。

使用抗抑郁药物之后，一般大约 3 周，有机会看到最初步的效果，通常首先改善的是睡眠品质和食欲，其次是体力与动作速度，最后恢复的则是悲观看法与认知功能。

重度抑郁症在临床上的异质性很高，所以不是每个患者都会依照这个顺序恢复，大部分的患者可能延迟到四至六周后，才会感觉到药物的明显改善作用。这也是前一章曾提到的大脑神经细胞重新生长所需要的时间。有些人会抱怨，为什么用了药还没好，还多了副作用，真是“未蒙其利，先受其害”，这种治疗反应延迟的现象，正是许多精神科疾病治疗的普遍挑战。

在急性治疗期间，最需要特别注意的是：有一些病患经过初步治疗后，体力恢复了，但悲观心态还在，自杀风险反而有可能会暂时升高。

但是两难的状况又来了，如果为了安全理由，硬要患者留在医院或待在家里，患者可能会感到更挫折，觉得自己都没进步，这种“体力恢复”“悲观依旧”的暂时性状态，确实有可能增加其自杀风险，让医生和家属很担心。对于这种两难的状况，目前还没有最佳的解决之道，只好靠周遭亲友的耐心支持与鼓励，并定期复诊追踪治疗，这都是很重要的预防之道。

药物有了初步的成效，并不代表症状已经完全消失，这段时间的状况有可能时好时坏，明明情绪已经逐渐好转，但有时又会掉下去，症状再度发作。通常要等到 6 至 12 周之后，抑郁的情绪才会真正缓解，渐渐恢复到正常的平稳状态，而能够重新感受生活的快乐和喜悦。

在药物治疗期间，医生会观察患者对药物的反应，如果效果不明显，医生会试着加重剂量，如果连续服用一段时间之后，仍然没有改善，可能就要尝试不同的药物，直到找出有效的药物为止。

持续治疗期：疗程大约 4 到 9 个月

抑郁的情绪远离之后，疗程尚未结束，而是进入“持续治疗期”。这个阶段的目标在于巩固治疗效果，预防日后复发。我们会建议病人至少持续药物治疗 4 至 9 个月，用药量跟急性期一样，观察一段时间之后，再根据病人的个别情况，决定是否逐渐减低药量，以及能否停药。

至于这期间多久复诊一次，因人而异，如果病况很稳定，2 至 3 个月复诊一次即可。

在治疗期间，有一件很重要的事，就是千万不可以随意停药。很多患者不喜欢吃药，或担心长期吃药会伤害肝肾功能，常常在自己感觉症状好转时，就自行停药，结果没多久，又再度复发，让治疗结果大打折扣。

研究发现，疗程尚未结束就自行停药的患者，半年内再度发病的概率高达 50%。所以，绝对不能掉以轻心。

在这里要再次提醒病友和家属们，抗抑郁药物并不是像魔法棒一样，一挥、一吃就神奇地让症状消失，它是慢慢调整大脑神经细胞内的化学平衡，这需要时间，如果太早停药而导致复发的话，反而会加深对大脑的伤害。相关的研究数据也证实，重度抑郁症的服药时间最起码需要 4 至 9 个月，然后再视情况慢慢减轻药量，最后达到完全停药的目标。如果没有渐进式停药，而是突然停药，有可能会发生停药症候群（discontinuation - syndrome)，包括头晕、恶心、疲倦、肌肉痛、寒战、焦躁、易怒等，通常持续一小段时间就会渐渐自然消失。除了药物之外，有些个案还会配合心理治疗，例如，认知行为疗法或婚姻家族治疗，协助患者调整性格和认知模式、减轻家庭和环境压力，这样的整体治疗功效会更好，且更能强化精神的坚韧和弹性。通常，停药过程至少需要 2 至 4 周，从减轻剂量到完全停药，要仔细观察患者的反应。

停药之后的两到三个月是复发的关键期，所以，医生仍然会安排复诊，确认患者的状态是否稳定。

|小|常|识|

急性期的治疗要注意的事项

1. 在急性发作期，最重要的是要随时评估危险程度，若患者因疾病导致有自我伤害的风险，最好选择住院治疗，以便得到良好的保护。

2. 使用药物治疗时，需要考虑其他精神疾病的共病状况，或其他内外科疾病（如甲状腺、胰脏等问题）以及是否有酒瘾或药物滥用等状况。这些状况都可能影响药物治疗的选择。

3. 情感性疾患在治疗过程中可能有一些无法事先预期的变化。例如，在治疗过程中，有些重度抑郁症患者会突然转变成躁郁症，尤其是首次重度抑郁症发病的患者，即使询问他是否曾经有过情绪高亢的躁症表现，患者与家属也常常无法确认，或是把过去比较轻微的躁症发作，当成一个精力充沛、敬业乐群的黄金时代。于是，医生以抗抑郁药剂来治疗，等到低潮症状舒缓之后，患者却开始进入躁症期。这也是在治疗重度抑郁症时，临床上特别需要注意的地方。

|小|常|识|

双相情感障碍(躁郁症)之鉴别

双相情感障碍［bipolar disorder，俗称躁郁症（manicdepressive disorder)］，个案有郁期（depressive episodestage），也有躁期（manic stage episode），有时同时会出现躁、郁症状（称混合期 mixed stage）。躁期的特征为情绪异常高亢兴奋。郁期则和重郁症一样。双相情感障碍须以“情绪稳定剂”（mood stabilizer）治疗，跟单纯重郁症的治疗不太一样。因此，每位重郁症患者皆须排除双相情感障碍，虽然临床上常常不容易立即就确定，有时候要持续观察数年才能鉴别出来。其重点在探询是否曾经发作过“躁症”（mania）或“轻躁症”（hypomania）。

DSM－5 中发作躁症（manic episode）的诊断准则是：A. 在明确的一段时期内，异常且持续地具有高昂的（elevated）、膨胀的（expansive）或易怒的心情且持续至少一星期。

B. 心情障碍期间，下列症状中，有三项（或三项以上）持续存在（若仅易怒心情则须四项），并呈显著状态：

1. 过度自我膨胀的自尊心或自大。

2. 睡眠需求减少。

3. 不能克制地爱说话或比平时多话。

4. 意念飞跃或自觉思绪飞跃。

5. 注意力分散。

6. 目的取向（工作、社交、学业、性生活）的活动增加或躁动。

7. 过分参与快乐有趣的活动，即使因此可能带来不好的后果（如拼命花钱购物、性活动或投资买卖）。

“躁症”（mania）发作指的是上述症状至少持续一周，并使得个案职业及社交功能严重受损，或须住院治疗。“轻躁症”（hypomania）发作症状较轻，不太影响职业及社交功能，而且只要四天即符合标准。

探询病史发现，若个案曾有“躁症”或“轻躁症”发作，建议转介精神科医生做进一步治疗。

维持性治疗期：大约 1 年左右

是否需要第三阶段的维持性治疗，视每位患者的状况而定。

如果经过一段时间的观察和评估，个案已经可以完全停药，生活和情绪也都恢复正常，且很有病识感和危机意识，只要一察觉到自己情绪怪怪的，开始吃不下饭、睡不着觉、浮现负面思绪，就会赶快求助，那么就可以宣告疗程结束，个案已经康复，不需要继续治疗。

但有些个案的状况则比较特殊，经不起再度发病，例如，他要负担家中经济，万一生病就会失业，让全家陷入困境，或者他周遭的环境无法配合，一直带给他很大的压力和刺激，一时无法改变或纾解，不断带给他无穷的困扰。这时候，医生可能会建议他长维持性的治疗期，继续服药 1 年，以降低复发的风险。

很多患者询问："抗抑郁剂要吃多久？"平均来说，至少要6个月左右，当然也要视患者的情况而定。最重要的是，千万不要随意停药，以免病情恶化！

此外，针对特殊体质或有家族病史的个案，或曾经复发多次、每次复发都很严重的患者，也会建议最好连续服药超过1年以上，帮助他们保持精神和情绪的稳定。甚至有一些个案被反复发作给吓坏了，决定像吃高血压及糖尿病的药物一样，愿意花更长的时间服用抗抑郁药物。

药物治疗的副作用

每次讲到药物治疗，患者最担心的就是副作用。这是影响治疗成效的重要因素之一。

确实，早期的第一代药物如三环或四环抗抑郁剂，常见副作用包括头昏、口干舌燥、恶心、便秘、心跳加速、性欲降低等现象，这些身体的不适往往让患者的生活品质降低，因而抗拒使用药物，甚至自行停药，造成医疗上的种种问题。

幸运的是，医学不断在进步，新一代的抗抑郁剂，上一代药物的这些副作用大幅减少，使患者服用药物的意愿大幅提升。

不过，每个人的体质不同，新一代药物虽然疗效还可以，但还是有些患者抱怨，服用之后会引起肠胃不适、失眠等困扰。这时候，医生会根据病人对药物的反应及耐受性，重新选择和调整药物，直到找到合适的药物为止。

不可否认的是，临床上至今仍无法研发出所谓的“完美药物”，让所有患者吃了药后都能百分之百地痊愈；也没有一套完美的预测模式，可以知道哪一种抑郁症状搭配哪一种药物绝对有效。根据统计，目前市面上的每一种抑郁药物，具有疗效的比率大约六成，换句话说，有三成以上的病患吃了第一种药物之后，仍然没有明显的作用。

所以，临床上总有些患者运气较为不好，服药一段时间之后并没有好转，接下来的选择包括“提高原有药物剂量”“更换抗抑郁药物种类”“合并不同抗抑郁药物治疗”“加上辅助性治疗药物”等做法，直到病情持续改善。如果试过各种药物之后 ，病情仍没有起色，或许是体质因素，让药物无法发挥作用，这时可考虑其他生物性治疗法，如电痉挛治疗。

|小|常|识|

抗抑郁药物会不会增加自杀风险？

美国食品药物管理局（FDA）于2007年5月开始，规定在美国上市的所有的抗抑郁药物，包括第一代与第二代药物，要加上“可能会增加自杀风险”的警语，特别是针对年轻的使用者。这项规定引起了许多不同意见的讨论。在美国FDA提出这一项规定所依据的临床药物试验资料里，发现与吃安慰剂的对照组相比较，实验组（也就是吃抗抑郁药物的那一组）的自杀想法、计划以及实际行为微幅增加。然而有学者提出不同看法，认为从药物试验资料推断这一类因果关系是不足的。

举例来说，临床药物试验常会筛选个案，排除本来就有自杀想法的个人，因而无法表现药物对于降低自杀风险的好处。又有学者认为，自杀行为本来就是抑郁症的症状之一，随着病程起起伏伏，治疗开始有效时，病患可能比较能表达内心感受包括自杀想法。在治疗逐渐恢复的路上，有力气了，但还在悲观，也可能会短暂地增加自杀行为的风险。

如果我们细读FDA做决策所引用的临床药物试验资料，不幸自杀身亡的个案非常少见，药物与安慰剂两组加起来，发生率低于万分之一。如果把非致命性的自杀想法、计划以及实际行为通通算进去，不同严重程度的自杀事件发生率大约为5‰，药物组与安慰剂组的发生率仅相差1.3‰，但因为样本数很大（接近10万人），容易在统计上接近一般定义的显著程度。

有学者汇整观察性的研究资料，甚至反过来证实了抗抑郁药物明显降低成年人以及老年人的自杀风险。而在FDA公布这项规定后，美国年轻族群接受抑郁症诊断与治疗的比例明显下降，但年轻族群自杀死亡率反而突然有所上升。

总而言之，目前没有证据断定抗抑郁药物导致自杀行为，其中还有许多待厘清的问题。目前最好的办法，就是我们一直提倡的，医生、患者以及亲友三方彼此密切合作，求医过程尽量固定一家医院或医生定期追踪，充分观察与沟通。毕竟每一个人的状况都不一样，落实因时因地制宜的个人化治疗策略，并持续吸收新知，就是对抗各种风险的最佳良策。

抗抑郁药物不会成瘾。不过抗抑郁剂会调节大脑内的血清素，也对乙酰胆碱产生作用，如果突然停药，有可能两三天后会短暂出现一些暂时性的不舒服，如头晕、感觉异常、手抖、焦虑、呕吐、多梦等。所以要遵照医生指示，慢慢减药两三个星期后，才可以完全停药，避免身心不舒服的反应。

电痉挛治疗

电痉挛治疗俗称电疗，乍听之下有点儿可怕，很容易联想到好莱坞电影中把电击当作惩罚的画面，但事实上完全不是这样的。电疗是现代精神医学中一种标准化的医疗技术，就跟复健科也会使用电来刺激肌肉一样，都是很好的治疗方法。尤其是针对急性重度抑郁症、有僵直症状（catatonic symptom），有强烈自杀风险，或难以忍受药物副作用的个案，临床上使用电疗之后，通常都可以得到不错的疗效。

电痉挛治疗的原理，是借由在患者头皮上贴上类似一般做心电图的贴片，释放微小的电流通过患者脑部，治电量大概等于市售的放在收音机里面 9 伏特小电池的轻微电量。这过程会促进脑部的整合性放电（synchronized discharge）以及脑细胞的生理变化，借以改变脑部

功能的运作，以达到症状控制与病情改善之效果。

在19世纪40及50年代时期，电痉挛治疗曾经是精神疾病最盛行的治疗方法，但60年代以后，由于精神科药物的蓬勃发展，电疗的使用量便大幅减少。目前电痉挛治疗主要是帮助对药物反应不佳的个案对抗精神疾病之用。

现在的电痉挛治疗技术已经比以前进步很多，更加安全的“改良式电痉挛治疗”（modified ECT）全程都在麻醉的状态中进行，有效避免了以前电疗会引发抽搐的问题。在电疗前会先给予病人麻醉，让病人肌肉放松。一般实施治疗时间只有不到一分钟，加上麻醉恢复的时间一般只要三十分钟。

在电痉挛治疗过程中，病人不会有感觉，就如同睡了一觉醒来一样。患者在充分被告知利弊得失之后，签署医疗同意书，并于前一天晚上十二点过后，进行空腹禁食准备。少数患者在电疗后会有头痛、肌肉紧绷、恶心呕吐、短暂的迷惘和记忆力不佳等现象，但这只是暂时性的，很快就能恢复正常。

电痉挛治疗最大的优点是相对快速见效。一般而言，药物治疗至少需要六到八周，而且必须每天服药，不能间断；而电疗则是每周大约进行三次，疗效好的个案，经过大约六次治疗之后，也就是两个星期，有机会看到病情改善。一般疗程通常建议是十次，以巩固疗效。若有特殊需要，也可增加到十二次。我所在的医院还会参考总痉挛时间达三百秒作为另一个客观的治疗时程参考，当然每一个患者的状况都不尽相同。

研究发现，除了抑郁症之外，电疗对于思觉失调症、药物成瘾、焦虑症和人格疾患都有显著助益。治疗之后，再配合维持性的药物治疗，以控制病症复发的风险，对于药物治疗反应不佳的精神疾病患者来说，是可以考虑的选择。

不过，电疗法多用于急性期的治疗。所以，当病情稳定之后，要配合维持性的药物治疗。有相关研究指出，好不容易电疗成功，若之后不吃任何抗抑郁药预防，半年内的复发率约 80%，但若妥善用药，半年内复发率约 20%。

|小|常|识|

电痉挛治疗可以治疗的情况

A. 郁症，包括：

1. 抗郁剂治疗效果不佳。

2. 郁症之临床状况严重，患者不肯进食或有明显自杀倾向者。

3. 严重郁症而出现僵直状态或明显的言行迟滞。

4. 伴有妄想或幻觉等精神症状之郁症状态。

5. 因年龄或身体特殊状况（如怀孕）不适合，用抗郁剂时。

B. 躁症，包括：

1. 药物治疗效果不佳。

2. 活动量太大，干扰性太强，需要快速控制病情。

3. 僵直状态。

4. 过分兴奋，不吃不睡。

5. 因身体特殊状况对药物不能耐受者。

C. 思觉失调症，包括：

1. 抗精神症药物治疗效果不佳。

2. 激动症状严重，宜快速控制病情。

3. 紧张状态。

4. 不吃、不喝。

5. 因身体状况不能耐受抗精神症药物者。

6. 明显自杀倾向者。

7. 精神病症状严重，干扰性过强，需要快速控制病情。

一般来说，电痉挛治疗并没有什么绝对的禁忌症，即使是怀孕的妇女或使用心律调节器的患者，也都可以使用。不过，有下列情况的，最好还是小心评估：

1. 有脑压升高、大脑血管瘤或颅内出血病史者。

2. 最近三个月内患有心脏冠状动脉栓塞、大动脉瘤或急性呼吸道发炎之病症。

3. 须特别注意牙齿松脱之并发症。

心理治疗也是一个选项

在双胞胎研究中提到，抑郁症的病因中，先天遗传和体质因素只占大约30%，其他70%主要是来自心理性格和环境刺激。所以，心理治疗的重点，在于协助患者重新思考自己的性格，分析眼前处境和自身的认知模式，提供情绪纾解的方法，引导患者调整过度敏感和容易自责的性格，学习适应环境的技巧，等等。针对最主要的病因进行治疗，才可能彻底避免复发的危险。

对于轻度抑郁症患者的治疗方式，药物是一种选择，心理治疗也是一种选择。至于中度和重度的抑郁症患者，除了第一线的药物治疗之外，也可以配合心理治疗作为辅助。特别是有重大社会心理压力、人际问题、认知偏差、性格障碍、内在冲突、服药顺从度不佳的个案，心理治疗更显重要。许多研究证实，心理治疗、环境改变、人际支持等社会心理处理方法虽然无法治愈重度抑郁症，但可避免病情加剧，增加患者迈向康复的信心，提升面对压力的技巧，对患者有很大的助益。一般来说，心理治疗可以帮助患者达到下列目标：

（1）找出导致抑郁的生活事件，并尝试解决或改善问题。通过设定实际可行的目标，逐步练习，可以提高患者的信心，锻炼社交技巧，强化心理功能。

（2）找出导致抑郁的认知和思考模式，并加以修正。例如，抑郁的人通常具有完美主义、容易自责、以偏概全、过度敏感的倾向，或认为别人都在批评他、看不起他，治疗师能帮助个案看见自己的盲点和惯性模式，且逐步修正，发展出更合理的认知和正向思考。

（3）回顾和整理自己的人生，挖掘童年成长背景对自己的影响，走出阴霾和创伤，以正面心态迎接未来。

（4）帮助个案重拾生活的控制感与乐趣。通过行为和认知的改变，重新做出选择，建立让自己更快乐的生活方式。

常见的心理治疗模式

心理治疗有许多类别，与抑郁症有关较常用的心理治疗模式有下列几种：

（1）支持性的心理治疗：又称为支持疗法，通过倾听、劝解、安慰、鼓励、提供建议的方法，帮助个案消除焦虑和恐惧，释放愤怒和敌意，建立信心、克服危机，是一般最常用的个别疗法。

（2）人际关系治疗：这是一种短期的积极性疗法，第一步是确认患者所面临的人际关系问题，常见的状况有四种：哀悼反应、角色失能、角色转换、人际沟通不良。确认问题后，协助患者建立新的角色模式，提升自信，增进沟通能力和社交技巧，以改善过去的缺损，降低人际互动的冲突和压力。

（3）认知行为治疗：抑郁症患者常有自责、无助、无望等负面想法，让情绪更加低落，造成恶性循环。认知行为治疗可以改变患者的信念，进而形成正向、有弹性的想法，并通过采取行动、反复练习，学习到解决问题的技巧，不再陷入抑郁的旋涡。

（4）婚姻与家族治疗：当患者的病因主要来自家庭问题时，可以邀请家人一起来接受咨询，针对问题根源，寻找解决冲突的方法。例如，改善沟通方式、化解潜藏的负面情绪、修正不合理的期待、调整角色和责任、增进亲密的互动技巧等，让婚姻与家庭关系不再成为压力，而是促进康复的助力。

（5）动力心理治疗与精神分析：通过深度的会谈与治疗，帮助患者觉察到心中潜藏的欲望、创伤、焦虑等无意识的动力，并探讨童年经验对现今生活的影响，重建患者，在人际互动中的信任感、亲密感、界线感，提升面对负面情绪的能力，以及人际关系的承受力，达到整体人格结构的改善。

（6）团体治疗：顾名思义，是由一群患者一起参与的心理治疗，通常以小团体进行，八到十二人左右，由治疗师引导，在彼此信任、支持的环境下，通过正向的分享、建设性的互动、经验的交流，可以得到改变的动力与建议。许多病友在刚加入团体时，难免觉得有点儿尴尬和不习惯，但几周过后，就会感受到团体的支持和同理的力量，而觉得受益良多。

值得注意的是，参考美国精神医学会重度抑郁症治疗指导的建议，可以作为单独治疗的心理治疗方式，是所谓“聚焦于抑郁症的心理治疗”（depression – focused psychotherapy），包括认知行为治疗以及人际关系治疗，一般需要学养资历皆有专精的治疗师来执行，并且还须积极进行一段时间才会有疗效。患者若有此需求，可以跟医生讨论，引介适合的精神科医生或临床心理医生来进行。

抑郁症会不会好

对病友和家属来说，最关心的一个问题就是："抑郁症会不会好？"

答案是肯定的，抑郁症是治愈率很高的疾病，相当多的患者经过适当的治疗之后，都可以不再有任何症状，完全恢复正常的身心功能、社交与工作能力。

所以，千万不要讳疾忌医，让自己平白承受疾病的痛苦。而且抑郁症的治疗期并不长，通常只要六个月到一年，就可以恢复健康。

不过，值得注意的是，抑郁症的复发率也不算低，尤其是具神经质个性、较缺乏自信心、容易敏感、内向退缩的人，以及生活较不稳定、环境中有许多难以解决的人际冲突或竞争压力的患者，可能会有复发的问题。

抑郁症发作过程令人痛苦，只要经历过一次，那种不舒服的感觉就会毕生难忘。所以，好不容易康复了，重新拥有正常的生活品质了，就要想办法不要让自己再度生病。在日常生活中，要尽量维持健康的身心灵状态、注意营养和睡眠、适度运动、快乐纾压，并有意识地调整自己的个性、想法和行为，想办法让所有容易导致复发的危险因子远离自己。

除了自身的努力外，确实还有一些因子，容易让抑郁症复发。如下列四个因素：1. 先前的病史：有过多次发作的患者，日后复发的概率也会较高。2. 治疗后，仍持续处于轻郁症状：表示抑郁的倾向已经慢性化了。3. 同时合并其他精神疾患：如躁郁症、恐慌症、焦虑症等。4. 同时合并慢性身体疾病：如高血压、糖尿病、心脏病、失智症、癌症等。拥有以上四个危险因子的病友，确实比较辛苦，除了要跟抑郁症长期抗战之外，还要同时处理其他疾病的症状。临床在治疗这类案例时，必须同时针对所有疾病一起治疗，还要评估所有药物之间的交互作用，并且依据各种疾病的轻重程度及个案需求，进行治疗策略的调整，是一条比较漫长的治疗过程。为了预防抑郁症复发，有些患者必须长期服用药物，尤其是针对发作次数超过三次以上、有比较明显的家族病史、老年发病，或是迅速复发、每次发作情况都相当严重的患者，药物治疗的疗程可能要拉长到四至五年，就是希望尽量降低复发风险。

有些患者为何不愿意就医

过去几十年来，抑郁症的治疗已有相当的进步，患者就医的情况也日渐普及。不过，根据抑郁症人口的比例来估计，还是有许多潜在的抑郁症患者，并没有得到及时适当的诊断和治疗。

首先有许多患者并不知道自己罹患抑郁症，却因身体不舒服，不断在医院的各科之间来回求诊。其中，能够被发现而转诊到精神科来的人数很少，大部分的患者都一直忙着处理身体的毛病，却不知真正的根源是抑郁症所引起的。

其次，就算被诊断出罹患抑郁症，也不保证就会接受完整的疗程。有相当比例的抑郁症患者会自行中断治疗，原因可能包括：觉得吃了药也没有用（因为药效需要一段时间才会显现，或在还没找到适合的药物之前就失去信心）、不喜欢药物的副作用（新一代抗抑郁剂的副作用已明显降低，但有些人的体质还是不太适应）、担心社会的污名化（不愿意让人知道自己到精神科求诊），等等。

这些都是我们在临床上必须想办法克服的问题。

即使在美国，主动寻求医疗协助的重度抑郁症患者也只有五成左右。美国曾经针对这个问题进行调查，想了解抑郁症患者不愿意就医的原因。研究发现，高达72%的患者表示“想要自己解决”，认为“自己会好起来”的有60.1%，57.6%的患者“不觉得需要帮助”，52.5%是因为“环境不允许”，47.9%是“经济上不允许”，45%是“觉得治疗没什么用”。

以上这些原因，可以作为抑郁症防治工作的参考。如何让潜在的抑郁症患者提高病识感，愿意主动求诊并接受治疗，确实是必须继续努力的目标。

其他的辅助疗法

除了正规的生物治疗和心理治疗外，坊间也经常听到一些非正规的辅助疗法。例如，营养疗法（宣称补充某些营养素或维他命，可以预防或治疗抑郁症）、运动疗法（通过瑜伽帮助放松和睡眠，通过游泳或跑步释放压力，促进血清素上升等）、身心灵疗法（如冥想、芳香精油按摩、宠物治疗、艺术治疗、音乐及击鼓疗法等）、宗教与民俗疗法（通过宗教信仰给予支持的力量，透过民俗仪式消灾解厄等）。

这些五花八门的选择，令人眼花缭乱。一般来说，这些另类疗法或辅助疗法，若是从实证医学的角度来看，并没有足够的科学证据证明可以单独治疗重度抑郁症，其功能主要在于帮助患者身心放松，带来快乐愉悦的感受，只要不违背善良风俗，不伤害身心健康，倒也无可厚非。但千万不要迷信商业广告的夸大宣传，因而导致延误就医，耽误病情就不好了。

参考美国精神医学会 2010 年公布的重度抑郁症治疗准则，其中提到的辅助性疗法，有下列六种：

（1）圣约翰草，又名金丝桃（St. John'swort，学名 hypericum perforatum），一种天然草药，可能的副作用包括：肠胃不适、焦躁不安等。

（2）S－腺苷甲硫氨酸（S－adenosyl methionine，SAM），一种食物添加剂，副作用有心悸、肠胃不适、头痛。有学者指出躁郁症患者不可使用。

（3）Omega－3 脂肪酸（Omega－3 fatty acids），它富含在亚麻籽、鳄梨、黄豆、各种油类和鱼类当中。

（4）叶酸（Folate），一种天然的水溶性维他命 B－9，富含于深绿多叶蔬菜、豆类、橙子、花生、大麦之中。

（5）照光疗法（Light therapy），通过模拟太阳光波长的灯具，照射三十到六十分钟，持续一周到三周左右。可能的副作用包括：头痛、恶心、眼睛干涩、睡眠

障碍等。

（6）针灸治疗（Acupuncture），对于无法忍受药物副作用的病患，在合格人员的操作下，也是一个辅助疗法的选择。

这些辅助疗法并不能取代正规重度抑郁症的治疗方式，还需要有更多的实证资料证明它们的疗效，它们被期待可以协助病患，减轻抑郁的症状，增进治疗效果，最终目标就是希望帮助患者安心且耐心地走过长期治疗之路，早日告别抑郁，迎来光明、快乐的人生。

第五章

如何照顾抑郁症患者

陪伴，就是最好的照顾。

身为家属，也要懂得照顾自己，才能一起迈向康复之路。

我的一位家人得了抑郁症，我一直叫他要活动，要看开，但他始终没有照着做。有时我觉得他很可怜，有时又觉得很生气，我也越来越抑郁了。

一个人生病了，不只当事人痛苦，对家人和亲友来说，也是一段非常辛苦又煎熬的过程。

每次在诊间，经常可以看到愁眉深锁的家属，无助地跟医生诉苦："我已经尽量开导他、陪伴他、好言相劝，鼓励他多出去走走、运动或晒太阳，但他还是整天闷闷不乐、无精打采，动不动就发脾气，一下子就怪我不了解他、不关心他；一下子又叫我不要管他，然后就自己关在房里哭。我这样做也不对，那样做也不对，动辄得咎，到底该怎么办……"

“他已经吃了吃一段时间药了，为什么情况还是时好时坏？再这样下去，连我都要得抑郁症了。”

“妈妈的情况好不容易稳定下来，但最近为了弟弟的事，又开始抓狂。我好担心她再次复发，回想起过去她发病的那段日子，我到现在都还心有余悸……”

确实，当我们在关心抑郁症患者的时候，不要忘了，家属也默默承受很大的身心压力。所以，我们一定要再三叮咛家属，在照顾病人的同时，也要懂得适度照顾自己，保持稳定和健康，才能够陪伴生病的家人一起走过抑郁症，迈向康复之路。

家属感到无奈、自责和生气是正常现象

身为抑郁症患者的家属，经常面对的第一个难题，是必须承受患者不合理的认知和负面情绪。

抑郁症是一种跟情绪有关的疾病，病人总是戴着灰色眼镜看世界，发病的时候，对任何事情都提不起兴趣，经常陷入沮丧、无助、绝望的心情中；甚至不断抱怨生活上的种种琐事，疑心别人都不喜欢他、不在乎他、看不起他、在背后批评他；或者自怨自艾，觉得自己很没用，只会变成别人的负担……

身为家属和亲友，无论如何苦口婆心开导，说了多少鼓励和安慰的话语，都毫无作用，加上还要承受病人的抱怨和责怪，久而久之，家属难免也会跟患者一样，陷入无可奈何的情绪，心中充满疲倦和委屈，甚至跟患者产生口角冲突。

第二个难题，是家庭关系和功能陷入困境。

当重度抑郁症发作时，经常导致患者失能。例如无法工作，使家庭经济出现危机；无法与人好好沟通，让家中气氛变得紧张；无法承担料理家务和照顾孩子的责任；甚至连照顾自己都有困难，日常生活，如穿衣吃饭都需要有人在一旁照料叮咛……

这些丧失的功能，必须由家属们来分担，难免引发家人之间的压力和争吵，甚至出现经济压力、婚姻问题和亲子冲突。如果家中有未成年的孩子，也可能因为父亲或母亲罹病，无暇关照孩子的生活和教育发展，而出现课业退步、叛逆行为或人际问题，加深这个家庭的压力和困境。

第三个难题，是对抑郁症的认识和资源不足。

许多家属刚开始对抑郁症一无所知，所以当家人发病时，家属往往搞不清楚状况，以为病人是偷懒装病、无病呻吟、逃避现实、小题大做、爱钻牛角尖、故意讨爱，以为患者只要“看开一点儿”“坚强一点儿”或“振作起来”就好了。等到确认家人是真的生病，除了心疼之外，又开始担心社会眼光和污名化的标签，有时会刻意隐匿家人的病情，不敢让亲朋好友知晓，这往往让自己和家人陷入孤立无援的处境中。

根据台湾董氏基金会的调查，当家人罹患抑郁症时，家属认为最困难的是“不知道如何与患者沟通”，然后是“没有时间照顾”及“对抑郁症了解不足”。在照顾患者时，最常出现的情绪是“沮丧”“烦躁”；面对罹患抑郁症的家人时，家属反应最多的是“难过”，其次是“不知所措”“生气”。

家属们面临的这些难题，以及他们所带来的挫折、无助、自责、愤怒等情绪，有时又会反过来刺激患者，让治疗的难度加大。

所以，照顾家属的需要，也是抑郁症治疗工作中不可忽视的一环。

照顾者也需要喘息

家属是第一线的照顾者，往往也是抑郁症最直接的受害者。

许多研究显示，抑郁症患者的家属是很容易被忽略的高危险群，他们的身心负担十分沉重，出现抑郁情绪的概率比一般人高出四到五成。

抑郁症并不是吃了药就会立刻康复的疾病，它的疗程需要一段时间，如果患者的服药状况不佳，或环境刺激一直没有改善，让病情无法好转，有的家属会不断自责，觉得自己做得不够好；有的家属会因为长期累积的焦虑和疲倦，而感到心灰意冷，甚至想要放弃；有的家属之间会互相指责，寻找代罪羔羊，认为都是某人的错；有的则会怪罪患者，认为患者本身不够努力，太过软弱或自我沉溺……

这些都是很正常的反应。在临床上，经常看到家属们虽然身心俱疲，却依然尽心尽力、无怨无悔地付出关怀，以无比耐心和毅力，陪伴家人走过艰辛的疗程，直到家人恢复健康，再度展现笑容。这一份不懈的努力和坚持，真的让人非常感佩。

家属是患者最大的支柱。为了陪伴家人走出抑郁症的阴影，家属们一定要先做好必要的心理调适。以下是一些实用的建议：

多了解抑郁症的相关知识，减轻自己的情绪负担

抑郁症发作的时候，患者的心思可能会变得敏感而脆弱，家属如果为不得已的忙碌而忽略他，他可能陷入低潮；家属好意开口劝导或说教，他就开始自我厌恶；家属若不想听他一再诉苦，他就觉得自己被抛弃了……家属仿佛走在地雷区，整天战战兢兢，很担心自己一不小心或说错话，就会让双方炸得遍体鳞伤。这时候，家属如果能够多了解抑郁症的相关知识，学习跟患者之间的相处之道和说话技巧，就可避开一些易爆的雷区，让

自己比较放松，减轻情绪负担。

注意自己的情绪和身心状态，适度放松

身为照顾者，家属除了关心患者的身心状况，也要注意照顾者自己本身的情绪反应。一旦发现自己的心情有异常的起伏，突然变得易怒、暴躁或沮丧，什么事都不想管，睡眠质量欠佳，缺乏食欲等，就要小心留意，是否压力太大了。

这时候，最好暂时放下重担，对自己好一点儿，让自己放松喘息纾压一下。例如，降低家务标准、请亲友支援护理工作，让自己放个假，或是去游泳、运动、按摩、听音乐、跳舞、赏花、小旅行，等等。短暂的喘息，是为了走更长远的路，千万不要让自己累到垮掉，变成家里的第二个病人。

治疗抑郁症是长期的抗战，不该由任何一人独自承担起所有重任，家属之间最好能够取得共识，大家一起分摊照顾的心力，让每个人都有得以喘息的空间。

很多家属也跟患者一样，拥有完美主义的高标准，

总认为自己要一天二十四小时、一年三百六十五天，全心投入，时时刻刻地照顾，不然就产生罪恶感。但这实在不太符合人性，每个人都需要有喘息的空间，才能够以更好的状态来帮助患者。

对患者和自己建立合理的期待

抑郁症的治疗并非一蹴可就，是需要时间的。对抗抑郁症是一条漫长而艰辛的道路，每个患者康复所需要的时间都不一样，家属和患者对于病情要有合理的期待，不要强迫患者“马上好起来”，也不要期待他继续扮演正常的角色，例如发病期间，他没办法做家事、不想出门、无法上学或上班、不能陪伴家人吃饭聊天、动作变得很慢、反应变得迟钝……这些都是真实的状况，家人要学会接纳，对这种病是急不来的。

同样地，家属对自己也要有合理的期待，不需要扮演二十四小时、全年无休的救世主，更不要把患者康复的责任全揽到自己身上。家属是凡人，不是圣人，家属也会疲累、生气、灰心沮丧、说错话或做错决定，这些都是人之常情。不必期待自己时时刻刻都很完美、很坚强、很体贴，这是不切实际的要求。

寻找支持团体，必要时求助专业

照顾病人是很辛苦的历程，所以，家属千万不要孤军奋战，要懂得借助各种资源，纾解压力。例如，家人之间要学会彼此打气，把烦恼说出来，互相扶持；或者可以找一些好朋友，倾吐苦水，宣泄委屈和压力。

参加病友和家属支持团体，是一个很好的选择。这些团体经常举办授课、定期聚会，可以得到很多实用的资讯和建议，从如何减轻用药的副作用、家人之间如何沟通、营养知识、解决失眠的技巧，到预防复发的注意事项……都是很宝贵的经验交流和分享。大家因为同病相怜而互相支持，不但可以得到同理的安慰，也可以提升照顾的技能。

如果，家属发现自己逐渐陷入无奈和焦虑的旋涡而无法自拔，甚至出现一些身心不适的状况，最好赶快求医，找精神科医师或临床及咨商心理师谈一谈，把挫折、愤怒和哀伤等情绪释放掉，千万不要“有口难言”，把自己累得掏空或病倒。

总之，抑郁症是多重因素造成的疾病，致病的原因很多，康复的道路也需要多重因素配合，光靠家属的力量是不够的，最好的方式就是跟医生合作，并寻求社会资源作为后盾。

抑郁症患者的心声

抑郁症患者因为脑部功能失调，身不由己，无法控制自己的情绪，变得很脆弱、悲观、容易失控、对所有事物都失去兴致、不想与人往来、无精打采、消极而缺乏行动力，把生活搞得一团糟。尤其是发病的时候，所说的话、所做的事，往往是向负面方向扭曲的。他自己也不喜欢这样，也想快点恢复正常，但又很难做到。

不由自主地消沉、丧气、易怒、偏激、钻牛角尖，这些都是抑郁症的结果，但家属和亲友们却常会“倒果为因”，以为只要改掉这些习惯就不会抑郁。这样的误解也常引发彼此间的冲突。

所以，要照顾抑郁症患者，首先就要了解他们的内心状况。许多抑郁症患者都是完美主义者，习惯为自己设定高标准，生病后却完全失去控制力，其实是痛苦而恐慌的。在他们的脑海中，经常有这些内在声音焦虑地回荡着：

“我的脑袋怪怪的，没办法看书，连电视都看不懂。怎么会这样？我是不是得了失智症？”

“我好难受、好绝望，恨不得去撞墙。全世界没有人了解我的痛苦。”

“抑郁症是一种说不出来的痛苦，每天最期待的事情就是睡觉，偏偏睡不着，觉得好累，真希望可以睡着，永远不要再醒过来。”

“睡眠不好，第二天精神就不好，然后表现也不好，我真的完蛋了。”

“家人的同情，让我更感到愧疚与无望，我讨厌成为别人的负担。”

“别人碰到再大的压力都做得来，我却生病了，连这点儿压力都无法处理，我这一生没希望了。”

“我连想要自杀都缺乏勇气，真是一个无用之人啊……”

这些内在声音，就像内建的录音带一样，不断在患者脑海中重复播放。“我好痛苦”“我很没用”“没有希望”“没人了解我”“一切都没意义”“只会拖累别人”“我再也快乐不起来了”……这时候，别人的鼓励和安慰完全没用，因为他根本听不进去，反而会感到压力和生气，更加深不被了解的孤单和绝望。

家属要如何与患者沟通

抑郁症患者有时候对别人的话语很敏感，有时别人无意间的一句话，甚至一个动作眼神，就让他陷入低潮。这通常让家属无所适从，有些话说也不是，不说也不是，不知道要如何跟患者沟通。

其实，每个患者的状况都不一样，临床上只能跟家属分享一些基本原则。每次看外国电影时，总觉得他们比较会用简单的方式来表达关怀。例如，看到亲人的痛楚，会给一个拥抱，说:“I am here!” 意思是“我会陪伴你，不离不弃”。这样简单一句话就够了。

可是在我们文化中，家属常常会很焦虑，总觉得一定要为患者做些什么、要说些什么、要鼓励要安慰，才能充分表达自己的心意，但这不见得是当事人所需要的，当事人的身心状况，也无法接受大家过多的好意。

抑郁症的疾病特性之一，就是充满负面思考，可能越急着要激励他、开导他，希望他快点儿好起来，他越觉得做不到而自责或愤怒，压力就越大，进而变成恶性循环。所以，说不定有时候，只要放松地陪伴，在他身边不离不弃就够了，这就是一个最重要的支持力量，并不需要多说些什么。

这样的道理说来简单，但在现实上却不易做到。家属看到患者陷入痛苦的泥沼中，难免心急又心疼，很多话语就脱口而出，有时反而引起双方的情绪张力和冲突。

一般来说，最容易引起误解和冲突的话语，可以分成四类。家属如果尽量避免，就可减少“多说多错”的烦恼。

第一种是轻忽或不信任的话语。例如：“你到底怎么了？整天无精打采，为什么不振作一点儿？”“有这么严重吗？世界上有许多人比你更惨呢！”“你是太闲了吧？忙碌一点儿，就没有时间胡思乱想了。”“这么久了，你怎么还没有好？”“心情不好也是一种病？别开玩笑了！”“你是不愿意面对现实，所以想逃避吧？”“别自怜自艾了，哪有人这么脆弱？”“去唱 KTV 吧，玩一玩就没事了。”

抑郁症发病时，患者会失去信心，很渴望被爱、被了解，经常担心会被别人拒绝，也会很负面地解读别人的话语，家人无意间表现出的轻忽或不信任，可能会让他的情绪更加恶化及悲观。

第二种是否定的话语。例如：“我明白你生病的痛苦，我会一直陪在你身边！”“又不是什么大不了的事，你何必反应这么大？”“你想太多了！”“你太敏感！”“不要老钻牛角尖！”“不要整天垂头丧气的！”“你这样想是不对的！”“你对别人要求太高了！”“拜托，别人一句话就让你受不了，你也太没用了吧！”……

抑郁症患者有时候会充满自我怀疑、挫败感和孤独感。此时，别人的开导对他而言可能是一种否定，尤其是批判式的语气，更容易引起他的不舒服甚至愤怒感。

第三种是情绪性的话语。例如：“我每天辛辛苦苦照顾你，你就不能振作起来吗？”“我特地煮了你最爱吃的菜，怎么不领情呢?”“你给我适可而止，不要再让妈妈伤心了。”“看你整天唉声叹气，连我都要得抑郁症了。”“你对我到底有什么不满?只是想惹我生气吧?”“如果你自己不努力，我也不想管你了。”“你知道全家人为了你，付出多少心力?你就不能替我们想想吗?”“你再沉溺下去，就太自私了。”……

抑郁症患者的欲望动力较低，对一切事物都失去兴趣，即使美食、美景当前，也没有力气品尝和欣赏，经常拒绝亲友的好意及邀约，但又很容易自责、悔恨、有罪恶感。亲友们的情绪和情感压迫，很可能会加重他们的心理负担，最好尽量避免。

第四种是过度正面的鼓励。例如：“加油!”“不要抑郁了，笑一笑嘛!”“不要整天躺在床上，打起精神来!”“比上不足，比下有余，你已经很幸福了。”“快点好起来！你一定做得到的！我对你有信心!”……

这些鼓励的话语并没有不对，但很多人可能就无法理解，为何要避免去说这些话。其实，对抑郁症患者来说，整天被鼓励是很痛苦的，因为他们比任何人都想要赶快脱离这份痛苦，却心有余而力不足，别人的好意反而造成他们的苦恼，心里更着急、更沮丧而自我责备，于事无补。

想要鼓励患者，时机点很重要。如果患者正在发病，状况很差，一点儿力气都没有，你的积极鼓励和期许，他根本做不到，就变成一种“恨铁不成钢”的压力，对患者一点儿帮助也没有。等病情有好转，正向鼓舞就可增加患者的信心。所以，根据患者的需要而给予不同的支持，是最好的沟通之道。

陪伴和倾听是一门需要学习的艺术

那么，面对抑郁症患者，家属可以做些什么？

最重要的原则，就是陪伴和倾听。不必太刻意鼓舞他或激励他，不要对他有太高的期待或要求，也不必一直提醒他要振作，要快点儿好起来。最好的方式就是放松心情，放慢脚步，尊重患者的速度，告诉他：“慢慢来，没关系，不要急。”让他按照自己的方式和步调生活，家人只要单纯地陪伴，静静地给予包容，让他知道家人永远支持他、关心他、接纳他，这往往就是最有效的帮助。

抑郁症患者的情绪难免起伏不定、焦躁不安，可能是看不惯周遭的许多事情，也可能是在生自己的气，经常因一点儿小事就情绪不稳。这时候，家属不需要多说什么，只要安静地耐心倾听，让他尽情倾吐心中的痛苦和怨言，即使他的情绪没有道理，也不必劝说和辩解，暂时忍耐一下，不要随他起舞，等他冷静下来再说。

许多抑郁症患者在发病之前，都是认真打拼、一肩扛起很多责任、有着完美主义性格的大好人；生病之后，往往陷入自责的旋涡中，觉得对不起家人，不想变成别人的负担。这时候，家属只要表达出稳定、真诚的态度，告诉他："抑郁症很辛苦，但你并不孤单，我们一起面对。"让患者感受到放松的善意，以及同理和尊重。

此外，抑郁症发病时，患者的内心很脆弱，很容易悲观绝望、感到自卑、不被喜爱、一无是处。尤其，以前既聪明又优秀，一目十行，现在却连看电视、看报纸都觉得吃力，让患者既生气又惊慌。当他们陷入自怨自艾的思绪时，亲友可以告诉他："现在你生病了，有些事做不到，不要勉强。等你病好了，很快就可以恢复正常。"

有一点要提醒的是，患者发病的时候，专注力和记忆力往往会变差、思考及理解力也都会变慢，当讯息过多或过快时，常觉得脑袋没办法反应。所以，跟病患说话时，最好慢慢讲，一次不要讲太多话，保持平稳、清晰、沉着的口气，将关心和支持简单扼要地表达出来，让患者明确接收到讯息即可。

陪伴、倾听和沟通，本来就是一门需要学习的艺术，连专业人士都要经过许多训练才可以做到，更何况是一般家属？所以，不必苛责自己一定要做到尽善尽美，或不容许自己犯错。在抑郁症面前，大家只能不断学习，通过一次又一次的相处和照顾经验，才会越来越知道要如何陪伴生病的家人，一起走过痛苦的幽谷。但更重要的是：即使专业人员，也需要有下班的时间，而没有下班时间的家庭照顾者们，其实更需要暂时喘息的空间啊！

家属的两难：会不会过度保护

在照顾抑郁症患者的时候，家属还有一个常见的担心：如果，我们对患者一味地包容、接纳、尊重，都不敢催促他或强迫他，会不会变成一种放任和纵容？在家属的保护伞之下，会不会加深患者缺乏自信、内向退缩、被动和逃避的个性，害得他一辈子都无法独立，而永远必须依赖家人？

这一类的担心往往也牵涉很实际的问题：如果患者是学生，到底要让他休学养病，还是继续留在学校？若不上学，整天待在家里，怕以后课业会跟不上，或比同学晚一级，孩子会更自卑；若强迫他去学校，又怕课业的压力会对病情不利。如果患者是上班族，接下来是该找份兼职工作，轻松度日，还是要维持全职工作？兼职工作做久了，会不会失去职场竞争力？全职工作的压力，会不会超过患者的负荷……

在日常生活中，也会有不少两难状况。例如，患者整天不想动，只想躺在床上，到底是要尊重他，还是强迫他外出晒太阳？如果都不动，身体越来越虚胖无力，可不是件好事，但强迫他可能又会引起反弹，真是左右为难。

有时，家族中的长辈对于抑郁症并不理解，甚至会责怪主要的照顾者：“都是你们，把他宠坏了，事事都顺着他，害得他变得这么软弱，碰到一点儿挫折就唉声叹气、愁眉苦脸，什么斗志也没有。”被责备的家属当然会觉得很委屈，简直是雪上加霜。

家属会在两难之间摆荡，这很正常，表示他们非常关心生病的家人，才会一直思考这些问题。通常，我会先安慰家属，请他们不要太担心，因为这些问题并没有标准答案，主要还是根据患者的病情状况而定。

当患者的抑郁症发作、病情很严重时，一点儿力气都没有，根本无法控制自己，这时候最需要的就是被保护、被照顾、被接纳，家属不需要多说什么，多余的担忧和鼓励只会加深彼此的压力。

当患者接受治疗一段时间以后，睡眠和食欲开始改善，身体慢慢有了力气，但这时认知和思考还没有完全恢复，自信心也还不够，仍然不时会被悲观笼罩。此时，家属可以适度地鼓励他。例如，试着到客厅看电视、到户外晒晒太阳、跟大家一起聊聊天、跟宠物抱一抱、做一点儿简单的运动等，在生活中尝试一些他可以完成的活动，增加他的成就感。

此时，由于患者的思考力还没完全恢复，没办法以正面眼光看待自己，家属可以通过具体的赞美，帮助他看到自己的进步。例如："太棒了，你之前整天只能躺在床上，现在已经可以坐着看半小时电视了。""你进步很多，已经可以出门散步晒太阳了。"通过这些赞美，提醒患者情况一直在改善中，提振患者的信心和希望。

简而言之，要不要保护，以及学业和工作的状况，都要依照病情而定，家属最好跟医生和治疗人员认真讨论，不必把所有责任都扛在自己肩上。

患者若不愿就医，该怎么办

前一章曾经提到，根据美国的调查资料，有47.9%的抑郁症患者不愿就医的理由是“经济不允许”。

所以如果有患者不愿就医，通常不是因为经济因素，而是心理因素居多。最常见的情况是，患者对于到精神科看诊有所抗拒，不愿被贴上“心理疾病”的标签。

这时候，家属可以从身体症状切入。例如，患者有失眠、缺乏食欲、倦怠慵懒、全身不舒服等问题，不妨先到家庭医学科求诊。现在家庭医学科医生都会接受一些精神科的基本训练，可以进行抑郁症的初步诊治，如果状况较为严重，再从家庭医学科转介到精神科来，这样一来，患者或许比较能够接受。

抑郁症患者会发病，通常都是累积了相当的心理压力和挫折。如果抑郁情况不是太严重，没有自杀风险，可以先从心理咨询或心理治疗开始，鼓励他踏出第一步，找专业人士谈一谈，学习压力管理，修正一些行为模式和认知习惯。建立关系之后，心理咨询师和治疗师会加以评估，是否需要转诊到精神科治疗，并向患者和家属提出建议。

如果患者除了不愿意就医外，还整天关在房里，动作行为怪异，有妄想幻听现象，那就可能不是抑郁症，有可能是思觉失调症或其他类别的精神疾病。此时，更要注意安全问题，如果出现自伤或伤人的行为，最好尽快就医，以免造成遗憾或困扰。

害怕副作用怎么办

还有些患者不喜欢药物的副作用，而自行中断治疗。这时最好跟医生讨论。现在抗抑郁药物有很多种，医生可以根据患者服用后的反应，改变药物和调整剂量。也可以跟患者再次说明，请他忍耐一下。

比较麻烦的是有些药物的副作用跟病情是混杂在一起的，不容易一下子区分。例如，失眠、焦虑、胃口不好等问题。通常领到的药包装上都会标示这些副作用，常常让容易紧张的病患更加不安。所幸，这些副作用不一定会经常发生，有些副作用过一段时间就会消失。所以，必须给药物和医生一点儿时间，分辨到底是药物的副作用，还是病情本身的缘故。是过一阵子就会好，还是持续不舒服。这时，再来考虑是否换药。通过跟医生的讨论，了解用药的考量和步骤之后，家属和病人就会比较安心。

总而言之，面对抑郁症的考验，不论是患者或家属都非常痛苦。要通过阴暗的幽谷，一定要保持希望。有好几位患者跟我说，当他们症状最严重的时候，曾经很绝望地问："我到底会不会好？"我很肯定地说："会！"这句话对他们很重要，好像看到一线曙光，支持他们终于穿越黑暗。

我想，这样的希望对家属来说也很重要。保持信心与耐心，陪伴患者一步一步走向康复之路。

第六章

预防抑郁症其实不那么难

我们可以从日常小事开始，学习良好的压力管理，适度地纾压和释放情绪，让压力变成督促我们成长的动力，而不是伤害身心的罪魁祸首。

有没有可能人在家中坐，抑郁自然来？

我要做些什么事，才能够预防抑郁症发生。

抑郁症是21世纪最常见的一种精神疾病，经常有病友或家属很关心地问：“抑郁症是可以预防的吗？要怎么预防？”“我的抑郁症已经治疗好了，要如何预防复发？”

我很诚心地告诉各位读者：所有的疾病都一样，预防重于治疗，抑郁症当然也是如此。由于抑郁症是多重因素所引起的疾病，最好的预防之道当然是多管齐下，从生理、心理和环境因素等三方面共同着手，尽量减少疾病发生的机会。其中，最重要而且最有效的方法，就是良好的压力管理。

当自己压力的管理者

前面我们提到肯得乐博士的研究，生活中的压力事件往往是导致抑郁症最重要的因素。尤其，现代社会充满忙碌、竞争和不确定感，压力简直如影随形，从学童到老人都可能有压力上身的问题：小孩子要面对课业和考试，以及同侪相处的压力；上班族要面对工作和升迁的压力；父母要面对教养孩子和经济的压力；高龄退休族要面临健康和孤独的压力。如果没有好好纾解和管理压力，生活可能就会变成一只压力锅。

曾经有机构调查现代妈妈的压力指数，发现有五成六的母亲感叹压力很大，常常超过脑力的负荷，整天有如陀螺般打转，容易生气、焦躁不安、睡眠不足、思绪混乱，沮丧程度到达严重程度。

面对抑郁和压力，难道只能束手无策吗？当然不是。我们可以从日常小事开始，学习良好的压力管理，培养健康的生活态度，适度地纾压和释放情绪，让压力变成一种督促我们成长的动力，而不是伤害身心的罪魁祸首。

要学会情绪及压力管理，可以在平时多多进行以下的练习：

良好的自我控制能力

现在社会很重视EQ（情绪智商），也就是碰到困难、挫折或人际冲突时，要能够坦然接受，从容应对，甚至可以聪明地化解，化阻力为助力，让身心经常保持平衡状态。

要展现高EQ，最重要的就是自我控制的能力，不要遇到紧急情况或不如意的事就抓狂，不要听到别人的批评就发怒，也不要遇到难关就悲观沮丧、意志消沉。努力鼓舞自己往正向的角度去思考，以幽默和轻松的态度面对挑战，保持弹性进行自我修正，想办法避免、减少或转换压力源，提升自己的抗压能力。

充分活在当下

当我们专注于当下、浑然忘我，就比较能够放下担心和烦忧。建议读者最好找到生活的目标及重心，或培养一些嗜好和兴趣。当我们主动去做自己喜爱的事情。例如打球、爬山、种花、画画，或从事自己热爱的工作，不但不会累，还会有很多快乐和成就感，是很好的纾压方式。

良好的时间管理

现代人多半非常忙碌，蜡烛两头烧，要工作又要照顾家庭，常常觉得被时间压力追着跑，恨不得每天可以多出几个小时。所以，良好的时间管理和分配非常重要。这部分将在后面有更详细的说明。

宏观的视野

有时候，我们会钻牛角尖，以为凡事非黑即白，执着于非如此不可，但事与愿违，便会在心理上给自己造成许多压力。最好平时就多阅读，多听演讲，多与人生阅历丰富的长辈交流，扩展社交圈，多学习他人的经验，就有机会看到不同的人处理问题的方法，可以帮助我们摆脱自己的惯性模式和看事情的角度，增加思考的广度与多元性。

例如，看到孩子功课不佳，就非常担忧或生气，怕孩子比不上别人，未来没有前途。这时候，如果看许多成功人士的例子，或者跟一些朋友谈谈，会发现成绩并不是孩子的全部，只要转换心态，鼓励孩子找出自己的兴趣去发展，说不定可以走出自己的一片天。只要观念改变，看事情的角度也会跟着改变，亲子之间的冲突和压力也会大大减少。

善用人际及社会网络的支持

天有不测风云。人生在世，总会碰到处理不来的压力事件，需要别人的建议或帮助。例如，上班族最常碰到的问题之一，就是父母生病，必须请假去医院照顾，工作上需要同事帮忙分担，家务事也需要有人帮忙处理、接送和照顾小孩等。这时候，如果有适当的外力协助，压力就会轻松很多。

人和人之间的往来是互相的，平日就要多多与人为善，主动付出和关怀，彼此帮助，建立真诚的友谊和社会支持的网络。有些亲友是很好的倾听者，可以互吐苦水、诉说心事；有些亲友见多识广，可以提供有效的建议；有些亲友热心助人，可以提供人力或经济上的支援……当我们身边有一群强力的亲友团，不但可以让自己免于孤单，而且遇到任何情况也不必担心，为我们的生活带来安心和稳定的力量。

如果当抑郁和压力上身时，身边没有适合的倾听或陪伴对象，甚至亲友就是自己的压力源，有理讲不清时，也可寻求专业医生或心理师的协助，让情绪压力释放，以免累积出大问题来。

适度饮食及运动

当人体处在高度压力下，身体会分泌一种压力荷尔蒙，叫作可体松（cortisol）。可体松大量分泌时，人的代谢速率会改变，所以，压力是导致肥胖的因素之一，长期饮食失衡也会影响情绪、危害身体健康。

建议每次感受到压力特别大的时候，可以适度补充钙、镁、维生素 C，有助于神经传导物质的合成与传递，也有稳定情绪和抑制交感神经的作用，让心情保持平静。

如果感觉压力排山倒海而来，更好的做法是暂停一下，英文叫作 time out，暂时放下手边工作，出去走一走、运动流汗，可以快速放松心情，释放身体细胞所累积的情绪与压力。

运动，强身又强心

养成规律运动的习惯，是最容易纾解精神压力的方法之一，可以有效预防抑郁症，是强身又强心的健康好习惯。

很多人在面对压力时，有时候会大吃大喝、瘫坐在沙发椅上看电视、漫无目的地按遥控器或一直低头玩手机，这样不但会导致肥胖，眼睛和大脑也会更加疲惫。

运动可以消耗多余热量，锻炼身体，又有情绪转移功能，让积压在体内的压力得到释放。喜欢运动的朋友都知道，流汗过后，全身肌肉得到放松，可以大幅度改善心情，增强愉悦感受、自信心和自我控制感，还可以结交一些同好，扩展人际圈，好处多多。

所以，有空最好多活动身体，可以选择自己喜欢的运动。如慢跑、快走、游泳、打球、体操、韵律舞、瑜伽、骑自行车、爬山等，心情会有意想不到的轻松，有助于处理压力，增加抗压性。一般来说，运动时间以持续二十分钟到六十分钟为佳，即可达到有氧效果。

所谓的有氧运动，强度最好达到 MHR（最大心跳速率）的 60% ~ 90%。最大心跳速率的计算方法是“220 - 年龄”。举例来说，45 岁的人 MHR 是 220 - 45 = 175。也就是每分钟 175 下。因此，45 岁的人在进行有氧运动时，最理想的运动强度，心跳最好是每分钟 105 ~ 158下。

若嫌计算麻烦，简单的判断标准就是：讲话有点儿喘，但还可以顺畅说话的程度。要达到这种心跳程度，运动效果才会显著。当然，如果有其他疾病，如高血压、心脏病等，在运动时，有关运动的强度与类型，还是跟医生或相关的专家讨论一下比较好。

如果是已经有抑郁倾向，或曾罹患过抑郁症的朋友，更要努力走到户外，让身体动一动，即使体力不佳，光是晒晒太阳、流流汗，对身心都有很大的帮助。

许多研究证实，规律的运动对预防抑郁有明显助益。最好选择“非竞争性”“反覆及韵律性”以及“愉悦性”的运动方式。英国国家治疗指导建议，应该达到每周三次，每次四十五分钟到一小时的运动量。台湾地区则建议“三三三原则”：每周运动三次，每次运动三十分钟以上，每次运动后心跳数达一百三十下。运动要持续，并养成习惯，两至三个月以上的规律运动，情绪改善效果才会明显，时间越久，效果越好。年纪较大或体力较差的个案则须考虑心肺、关节的负荷，可以跟医生讨论最适合自己的运动方式。

日日好眠，心情好

相信大家都有过这样的经验：如果因为熬夜或失眠，而导致睡眠不足，精神不济，很容易变得烦躁不宁、脾气欠佳、火气很大、注意力涣散。只要好好睡上一觉，隔天就会神清气爽，情绪稳定，做起事情也会很有效率。

良好的睡眠有助于压力管理。人体的生理时钟是一种大自然的节律，最好是晚上睡觉、白天活动，如果经常当夜猫子、日夜颠倒，长久累积下来，身体很容易出状况。

对于睡眠品质，《美国医学会期刊》（*JAMA*）提出六点建议：

规律的入睡以及起床时间

建立规律性睡眠时间这个习惯很重要。睡眠不规律，承受的精神压力要比正常作息还高。早睡早起，身心灵才会稳定，才不会带给身体额外的负担。健康的睡眠并不是一天睡足几个小时就可以，还须有固定的睡眠时间，让生理时钟规律运行。养成固定作息，睡眠质量自然提升。常有人说：“我知道要早睡早起，但晚上就是睡不着啊！怎么办？”

最简单的方法，就是建立有助于睡眠的环境，让各种感官放松。例如，穿舒适的睡衣、睡前点上帮助放松的香氛精油、关灯保持黑暗，让环境的刺激暗示我们该睡觉啦，这样的联结做法一旦养成，就变成一种反射性习惯，可以帮助我们迅速入睡。

记得在我读书的那个时代，那时还没有多媒体设备，每次教授在课堂上播放幻灯片就要关教室的电灯。一关灯瞌睡虫就来报到，两个小时的课，容易不知不觉地陷入昏睡，一直睡到下课钟响才醒过来。黑暗的空间会引发睡意，明亮的光线会帮助清醒，这是很自然的生理现象，可以运用这样的原理来帮助睡眠。

卧室的主要功能是睡眠

卧室的功能应该单纯化，就是睡觉的地方，一进到卧房看到床，就是一种环境的暗示，让人立刻全身放松、想要打哈欠、躺下去睡觉。

可是，现代人常喜欢躺在卧房里看电视、电影、讲电话、玩手机、看书，结果在床上窝了好几个小时，都不是在睡觉，打破了“上床就是要睡觉”的联结，睡意都被稀释掉了，也不容易建立规律。

还有一些年长的朋友会抱怨，每天坐在沙发上就忍不住打瞌睡，一旦被家人唤醒，走进房间躺在床上，却再也睡不着了。这就是没有建立“床铺与睡觉”之间的联结。最好是等到有睡意时，马上进房躺床睡觉，这样就可以减少此类的困扰了。

睡前三至四小时勿做剧烈运动

运动是一件好事，但请记得睡前三四个小时不宜剧烈运动。有一位抑郁症的病友长期有失眠困扰，却不想服用安眠药，他听说运动有助于睡眠，以为睡觉前跑一跑马拉松，跑到精疲力竭，回到家一定可以马上呼呼大睡。但结果却正好相反，激烈运动过后，心跳速度和全身血液循环都会加快，反而干扰睡眠。

睡前最好做缓和轻柔的运动。例如，瑜伽、静坐、散步，这些都可以让身心放松，帮助入睡。

睡前六小时要避免摄取咖啡因

咖啡因会刺激中枢神经系统亢奋，影响睡眠非常明显。如果睡前一小时喝下含咖啡因的饮料，除了不容易入睡之外，睡眠也会变得很浅、多梦、肌肉紧绷。夜间睡眠不安宁，导致白天精神不济、无精打采，就会想要喝更多的咖啡因和提神饮料，因此变成一种恶性循环，加重失眠困扰。但我们也碰到过睡前喝咖啡不影响睡眠的人，毕竟人的个体差异还是很大的。

睡前六小时避免摄取咖啡因，这是一般性原则。但体质敏感的人，就算早上喝咖啡，到了夜晚还是可能睡不着。所以，每个人最好针对自己的体质情况来调整。

睡前避免吃大餐

上了一整天的班，非常疲累，下班后犒赏自己，大吃大喝一顿，或家人朋友聚在一起，开心聊天，吃夜宵，确实可以让人心情放松。只是，晚上肚子吃得饱饱的，肠胃消化道一直到睡觉时都还在忙碌运作，致使大脑也无法休息，就会影响睡眠。如果睡前真的挨不住饥饿，少量进食无妨，因为过度饥饿会中断睡眠。此时，不妨喝一杯温牛奶或吃几片低 GI（升糖指数）的水果裹腹，有助于睡眠稳定。

白天的小睡尽量固定时段，且勿超过一小时

午休时若能闭目养神，或小睡一下，对身心放松有很大的帮助，下午工作起来会更专注，心情也比较愉快。建议午休时段也要维持固定的规律，若要小睡，二十至三十分钟即可，不要超过一个小时，以免影响夜间睡眠。

增进正向思考，乃是良药

《圣经》说，“忧伤的灵使骨枯干”而“喜乐的心乃是良药”。凡事正向转念、保持心情愉快的人，往往容光焕发、充满活力，也不容易生病。

我们不是上帝，只是凡人，做事待人不可能面面俱到、事事完美，难免会有犯错或挫折的时候。

你可曾经想过如果自己遇到突发压力时，会如何思考，又如何面对这些诱发压力的事件？你的想法和决定又造成了哪些结果？

压力是一种很主观的感受，同样做错事被主管责备，有人则认为主管故意挑剔、找他麻烦，因此愤愤难平；有人认为主管是在训练他、要求严格代表专业的态度，因此更加努力学习。

采取负面认知，心理压力也会随之升高；正面认知则会激发正向行动，增进自我控制力，压力也随之减轻。台湾大学医学系李明滨教授指出，生活在充满压力的世界，运用自控力来转念，是很重要的纾压技巧。参考李教授的著作，图十是增进自控力的操作模型，这是一个有效处理情绪变化的快速方法。当压力来临，可以从改变“认知”着手，打破旧有的思考模式，学习运用客观、理智和证据来判断生活的大小事，想办法修正会引发内心压力和情绪起伏的扭曲想法，创造合理的认知或意念。

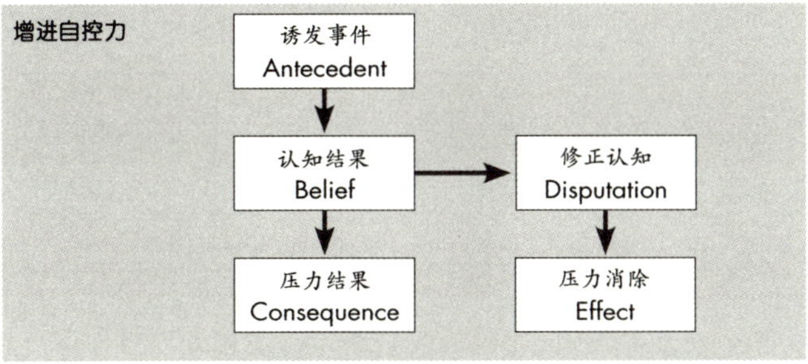

（图片取材自李明滨教授《医学的人性面：情绪与疾病》一书）

图十　压力的处理从改变认知着手

要增进自控力，进行认知习惯的重塑，最简单的方法是试着站在客观的第三者角度，解析自己对某个压力事件的想法（认知）。你可以问自己三个问题，来检验自己的认知和想法：

1. 我这样想，有什么确实的证据吗？
2. 事情还有没有其他可能的解释？
3. 事情的结果一定会变得那么糟吗？

以前文所提到的完美主义爸爸为例，孩子月考只考了60分，他就把孩子成绩不佳的责任全揽在自己身上，自责没有尽到督促的责任，而且开始担心孩子的未来。如果我们有类似这样的自动思考模式，就要反问自己下列这些问题：

“我必须为孩子的成绩负起全部责任”，真的是这样吗？“成绩不好的孩子，未来就一事无成”，真的是这样吗？其他家长也这样想吗？亲戚朋友的孩子功课不好，长大真的一事无成吗？有没有其他的思考角度？例如，观察孩子的资质和兴趣、老师的教法、孩子本身的努力、考题的难易度，甚或重新思考“成功”的定义……

此外，世界上很多成功人士，在校成绩都不好，甚至学历也不高，但都能闯出自己的一片天空。

你可以多读读成功人士的故事，就会发现：条条大路通罗马，如果孩子不爱读书，还有哪些教育方式或哪一条路，更适合孩子的独特发展呢？

当我们学会转换不同的认知和思考，就不会只看到悲观面，或以偏概全、太早妄下结论。通过一次又一次的转念练习，培养正向思考的习惯，就可降低压力事件所带来的冲击。

当然，处在重度抑郁症发作的时候，不太可能做到正向思考，所以，最好平常就要勤加练习，才会养成习惯。大家不要小看练习的效果，认知习惯是可以慢慢调整过来的。每次成功转念，就要给自己一些赞美和鼓励——又跨出正向思考的一步了。你会发现，如此一来，心情特别轻松，仿佛有一道暖阳流入心房。

在面临重大压力和挫折时，这股暖阳的力量就会发挥作用，帮助我们度过黑暗，迎向阳光。

放松训练，稳定好情绪

有研究证实，放松周边肌肉系统，有助于降低交感神经系统的敏感程度。习惯放松的人，较不会紧张和焦虑、抗压力也比较强，处世容易乐观、快乐、有活力，这是因为当肌肉充分放松，身心较能维持在平静状态；当压力来袭，由于身心已经很熟悉放松技巧，可以很快地化解压力的强度，减少它对身心的伤害。

下面介绍四种最简易的放松技巧，只要多练习，二至三分钟内就可以快速进入放松状态。倘若能养成习惯，对健康有很大的帮助。

专注练习

将注意力集中在某一点，如身体的某一部分（手指、鼻尖、脚拇指等），或专心在脑海里想象某一个让人放松的场景（如大海、草原、天空等）。只要安静地坐着或躺着，专注于这个点，自然地呼吸，心无杂念，身体就会放松下来。

腹式呼吸

长期处于压力、无法放松的人，通常呼吸短促、肩颈僵硬，该如何调整呢？最好的方法就是腹式呼吸，也就是调息。婴儿多半用腹部呼吸，这是最自然且放松的呼吸方法，但成年人却习惯用胸口呼吸，不仅费力，也容易焦虑紧张，却不自知。

腹式呼吸很简单，坐着或躺下皆可。吸气时，把肺部下方的横膈膜往下移动，慢慢吸气，让肚子鼓起来，再慢慢吐气，让肚子消下去。专注于一呼一吸的节律，越慢越好，至少练习十至十五分钟，此呼吸法有助于伸展肌肉、放松脑神经、提高血液含氧量，以及调节自律神经。

练习腹式呼吸时，最好选择在安静无干扰的环境，保持空气流通，避免迎风直吹。每天这样练习二至三次，专注且缓慢，可以暂时从思考的牢笼中解脱，放松情绪，保持清明，提高自我控制力。

当腹式呼吸操作非常熟练时，就可以很自然地融入生活，坐车、走路、开会、午休片刻，随时都可以做上几分钟，遇到压力事件，只要几个腹式呼吸，就能立刻帮助放松，以平和的心态面对外界挑战。

肌肉放松法

临床常用的全身肌肉放松法，有“杰克逊渐进式肌肉松弛法”和“韩瑞克森肌肉放松法”两种。

1. 杰克逊渐进式肌肉松弛法

杰克逊法有三个步骤。在安静舒适的空间内，穿着宽松衣物，坐卧皆可，也可播放柔和的音乐，每天抽出十五分钟来练习。

（1）闭上眼睛，慢慢深呼吸，吸气时，用力绷紧肌肉，体验肌肉紧绷的感觉。

（2）瞬间放松肌肉，让紧绷感消失。

（3）专心比较紧绷与放松的感觉有何差异。

紧绷肌肉的训练，可以先从双臂的肌肉开始。将双臂平行伸直，紧握拳头，逐渐用力，用力到最大程度，停留约十秒之后，再渐进放松，最后放下双臂。连续重复此动作，每天练习十至十五分钟。

练习过程中，请细心体验肌肉紧绷与放松的感觉。练习的过程先从某一处肌肉放松开始，再慢慢进展到全身其他部位的肌肉。例如，先从手臂开始，再加上肩膀，然后是颈部、脸颊、胸部、腹部、背部、大腿、小腿、眼睛等，逐渐扩展至全身肌肉，一起紧绷之后再放松。充分练习后，会越来越熟练，只要做几次“紧绷—放松”的交替动作之后，全身肌肉就会松弛下来。

2. 韩瑞克森肌肉放松法

这是一种运用冥想的肌肉放松方式。刚开始练习的时候，通常需要透过旁人话语的引导，逐步放松身体各部分的小肌肉，从头皮开始放松，接着是脸颊、脖子、肩膀、胸部、背部、腹部、双腿到脚趾，然后缓慢地呼吸，让身体越来越放松。

想要练习这个方法，网络上可以搜寻相关的影片作为引导。建议安排一个安静的地方，只需要一张舒适的座椅或床垫，坐着或躺着，闭上眼睛，先做几个深呼吸，身体放轻松，然后就可以开始练习。

等到熟悉之后，不须旁人或影片引导，就可以跟随自己的意念，逐步扫瞄身体的每一个部位，一个部位接着一个部位地逐步放松。学会这个方法，即使在搭车、上课或开会，都可以默默进行放松练习，对于释放身体压力很有帮助。

现代人的时间管理很重要

现代人普遍忙碌，每个人身上都背负着各种不同的角色和责任，偏偏事情总爱凑在一起发生，让我们恨不得有三头六臂。但一天只有 24 小时，为了减低忙碌的压力，时间管理的技巧就变得极为重要。

什么是艾森豪威尔法则

目前，各行各业都经常运用“艾森豪威尔法则”（Eisenhower Matrix）来进行时间管理。从名称就可以知道它跟美国第三十四任总统艾森豪威尔有关。艾森豪威尔总统处事一丝不苟，为了日理万机，便把大小事情根据其“重要程度”与“紧急程度”，区分成四个象限的类别：轻、重、缓、急，借此排定优先顺序。如图十一。

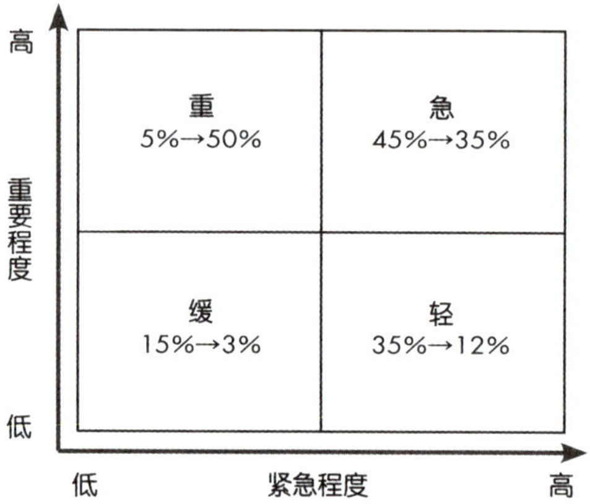

图十一　时间管理的艾森豪威尔法则（百分比数字只是假设的例子）

表格中百分比的数字，代表大多数人做事的习惯：常把时间优先放在“重要程度高、紧急程度高”的急事（45%）。例如，赶出货、抢时效、危机处理、孩子生病等，整天好像救火队一样。至于“重要程度高、紧急程度低”的基本事务（5%），就常被忽略。例如，家人团聚、健康计划、进修等。人难免有一些惰性，明知道这些事情很重要，但只要时间不急迫，就会出现拖拖拉拉的心态。

比较恼人的是，生活里往往充斥一堆“重要程度低、紧急程度高”的小事。例如，突然有访客、临时有交办事项、忘记买东西、例行会议等，必须花费很多时间处理（假设这些事情占我们工作时间35%）。此外，也常在不知不觉中，花了不少时间做一堆“不重要也不紧急”的杂事（15%）。例如，看电视、看报纸、聊天、玩手机。

换句话说，我们大多数的时间都在处理“紧急”的事，而不是“重要”的事。因为紧急的事多半与他人或时间期限有关，由于别人的催促，往往让事情变得急迫，在“救火”的同时，也增加许多压力。

时间管理的目标，就是重新调整时间分配的比例，如图中的百分比数字，把时间主要拿来处理“重要”的事。所以，“不紧急也不重要”（缓）的杂事，最好减少到3%，“紧急但不重要”（轻）的事，比重降到12%，而“重要程度高、紧急程度低”（重，50%）及“重要程度高、紧急程度高”（急，35%）的事情，则优先处理。

你的专属时间管理表

可以根据上述的分类，画一个自己专属的时间管理表，将生活当中的待办事项填入四个象限里，如图十二，让日常时间的安排更一目了然。

	不紧急的事	紧急的事
重要的事	研拟品质改善计划 公司形象的提升 充实外语能力 准备考证照 增进家人关系	设备故障或生产停摆 员工发生事故 完成出货或工作的期限 上级突然交办的任务 家人生病
不重要的事	有些交际应酬 有些文件的处理 不重要的电子邮件 某些嗜好的沉迷（如电子游戏）	必须参与的某些会议 不速之客来访 某些临时请托和邀约 某些客户的电话

图十二　自己专属的时间管理表（以某公司中级主管为例）

以我自己的生活为例。对一名精神科医生来说，每天最重要且紧急的事情是什么？当然是门诊、查病房，或处理上级突然交办的任务。这些都是紧急且重要的事情。

紧急但不重要的事情是什么呢？我经常必须参加某些会议、招待访客、接受某些临时的请托邀约、随时接听某些电话等。这些都是每天会发生的事务，不是重要的大事，但往往有时效性，必须尽速处理。

至于某些交际应酬、例行公事的报表填写、上网回信、闲暇嗜好等，就属于不重要又不紧急的事情了。

最容易忽略或拖延的，是那些很重要却不紧急的事情。例如，研拟医疗品质改善计划、撰写研究计划或论文、准备医院评鉴作业，还要抽时间去上医疗专业再教育课程；当然，还有运动健身、减重、家庭与朋友关系的经营等。这些都是我很重视，经常挂在心上的。但每天要面对这么多工作，这些我很看重却不紧急的事，往往就被排到后面去，先处理眼前的急事再说。如果想要减轻内心压力，就必须学会时间管理，依照图十二的四宫格，将所有事情按照重要性和急迫性分类。通过表格可以提醒自己，事情有轻重缓急，必须严格进行时间的安排和分配，多花一点儿时间放在最重要且最紧急的事情上，并减少不重要且不紧急的零碎活动。

做好时间管理，并适度进行取舍，可以明显降低忙乱的压力，让生活品质大大提升。

第七章

航过抑郁的险峻冰山

自杀防治是一种人道精神的展现，珍爱每一个生命，只要有一丝救助机会，都不要轻易放过。

我若是能一觉不起，也算是一种解脱吧？

抑郁症的发病和治疗，是一趟漫长的旅程。在这段陪伴的岁月中，最让家属和亲友担心的事情之一，就是自杀的阴影。

尤其，有些病友在痛苦万分的时候，可能会消沉悲观，哭泣说出“活着好痛苦”“好想结束这一切”“真不想活了”“什么时候才可以解脱”这类话语。有些患者还会思考具体的自杀计划，甚至做出伤害自己的行动，让身边的亲友深感不安，经常提心吊胆过日子，很担心伤痛的不幸结局有一天真的会发生。

抑郁症防治工作的重点目标之一，就是要防范这样的悲剧发生。希望通过早期发现、早期治疗，让病友减少发病的痛苦，并防止病情恶化到不可收拾的地步。

不过，我要特别强调的是，企图自杀的人不一定都有抑郁症，抑郁症患者也不一定会自杀，这两者不必画上等号。所以，自杀防治跟抑郁症防治，虽然有某些重叠，但也有许多不同之处。本章就针对自杀防治的基本观念和做法，加以说明。

人为什么会自杀

在新闻媒体上，自杀的事件并不少见，每隔一段时间，都有类似的悲剧发生。从光鲜亮丽的艺人、乖巧用功的学生、吵架失恋的情侣、久病厌世的患者，到经济发生困境的弱势家庭……每一个自杀行为的背后都有着不一样的故事。

每次听到有人自杀的消息，总让人感到惋惜。求生的欲望是所有生物的本能，为什么在身为万物之灵的人类的社会，却有这么多人选择结束自己的生命呢？

自杀一直是全球重视的公共卫生问题。根据世界卫生组织（WHO）最新的报告，全球每年约有八十万人自行结束生命，平均四十秒就有一人自杀。

报告提到，男性自杀率远高于女性，就年龄族群而言，七十岁以上的自杀率最高，不过在十五至二十九岁

的年轻族群中，自杀竟高居第二大死因。

自杀是所有人都不愿见到的悲剧，不只当事者失去宝贵生命，身边的家属和亲友也要承受震惊、自责和失落的痛苦。一个生命的陨落，带来的是整个家庭和身边社群恒久的悲伤和遗憾。

自杀是多重因素共同造成的悲剧结果

“都是因为我责骂他，才害他走上绝路。”“如果我不逼她念资优班，就不会发生这种事了。”“我不应该跟他吵架。”“如果当初我多关心他一点儿就好了。”“要不是他的主管一直压榨他，也不至于变成这样。”……临床上见过许多不幸自杀身亡者的家属，在伤痛之余，总是相当执着于认定某件事就是让亲友走上绝路的原因，因而自责或愤怒不已。

事实上，根据世界各国自杀学的研究，自杀行为绝对不是单一因素所造成。从自杀意念的产生、到思索自杀的方法、到自杀行为的出现、再到最终死亡的结果，包含一连串复杂的社会心理过程，绝对不是单一原因可以解释。

这就像英国曼彻斯特大学的瑞仁教授（James T. Reason）在1997年提出的“瑞士乳酪理论”（Swiss Cheese Model，图十三）。这是一个关于意外事件发生与风险管理关系的模型。图中的每一片乳酪，都代表一面防护墙，而乳酪上的空洞代表这个防护墙可能发生的失误点，当失误发生时，危险的箭头就可以穿透这片乳酪；但只要下一片乳酪可以挡住箭头，危机就可以被阻挡或化解掉。若是很不幸地，每片乳酪上的空洞正好连成一直线，让危险箭头一路穿透，意外事故就发生了。

以自杀事件为例，每个自杀者身上都带着一些危险因子，但也有许多保护因子存在。大多数的情况下，即使有自杀意念和自杀企图，但由于连续保护墙的作用，都可以化解危机。可是，在某些不幸的时刻，所有危险因子的漏洞刚好排成一列，遗憾的事就发生了。

当自杀事件出现，最后一片乳酪通常最容易被怪罪，例如，老师的责骂、父母的管教、网友的批评、夫

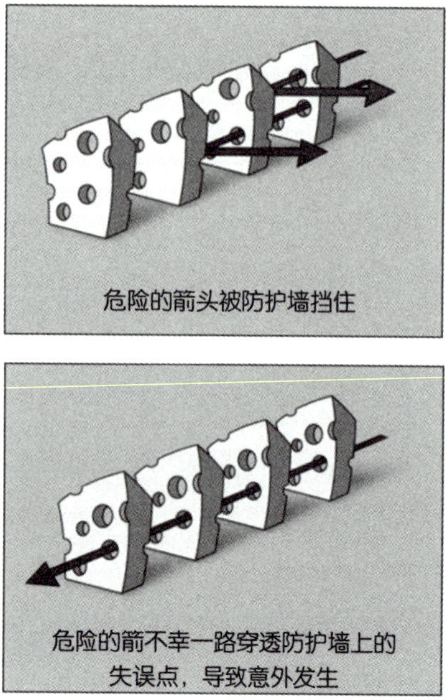

图十三　瑞士乳酪理论

妻争吵、工作压力、考试失利……身为最后一片乳酪的当事人也往往陷入深重的罪恶感和自责当中。其实，在这个自杀事件之前，已有许多因素和条件连续穿透一重重的防护墙，最后才导致这个结果，绝对不是单纯因为最后一片乳酪的缘故。

冰山下看不见的风暴

换句话说，任何一个自杀事件的发生，都是由多重因素所造成，包括社会经济因素、精神疾病的影响、心理性格、家庭结构、童年经验、人际关系问题、生活失落事件、丧亲、创伤、情绪困扰、生理体质、药物或酒精作用、社会疏离、家族史、环境讯息的刺激……诸多因素错综复杂互相交缠，才导致一个人走向自杀之路。

因此，守护自杀者并不容易，因为自杀行为防不胜防，谁也无法预知下一刻会发生什么事。家属和亲友只能努力防范，却不一定能够完全阻止这个悲剧的发生。

我们也可以用冰山来比喻。如果有机会去了解曾经自杀过的朋友，你会发现自杀行为就好像冰山的一角，之所以走向自杀，行为背后埋藏着许许多多的问题，有如海平面之下，隐藏许多不为人知、很难掌握的暗流和力量，有时连自杀者本身都无法理解和控制。

每次有自杀行为发生，通常只能看见冰山之上的危险因子。例如，家人吵架、考试失利、经济困境，等等，这些表面上的问题和触发点比较容易被看见，也比较容易被了解，因此，我们常这样简单归因，但却可能给相关人（如吵架的对方）带来无限地悔恨和自责。

往往，我们看到的只是冰山的一角，却忽略冰山之下的问题可能更复杂，许多因素造成自杀者的性格、情绪、认知和行为模式，才会出现今日这样让人遗憾的事件。这也是为什么我们一再强调：自杀绝对不是单一因素造成，而是多重因素的结果。

为了更进一步了解自杀行为，科学界将可能影响它的危险因子区分为远端因子（Distal）与近端因子（Proximal）两类。这些远端与近端因素的描述是大规模资料呈现的综合性结果，在每一个体上还是有它的独特性与差异。而最重要的观念是：没有一个单一因子，可以完全地解释自杀为什么发生。

远端因子

远端因子是距离自杀行为较久远的可能影响因素，

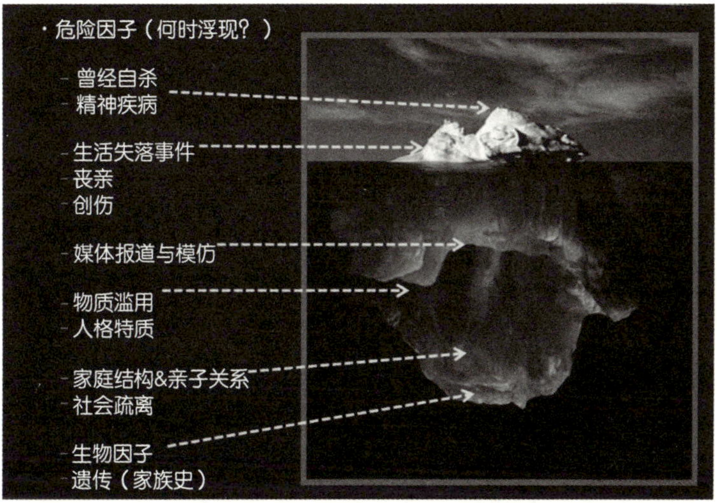

图十四 影响自杀因素的冰山图

在个人生命史上早已存在许久，甚至从遗传基因、天生性格特质就开始埋下敏感脆弱、悲观倾向、容易自我伤害的种子，而无形中提高了自杀风险。

远端因子是自杀防治工作难以突破的关卡，即使尽力防范，仍有些危险因子是我们所不知道的，甚至连当事人都无法判断它们的影响力有多大。

一般来说，远端因子包括下面几个因素：

1. 遗传与体质因素（Genetic loading）：例如，天生比较敏感、悲观或神经质倾向。

2. 性格特质（Personality characteristics）：例如，具有冲动性、攻击性较高。

3. 胎儿及周产期因素（Restricted fetal growth and perinatal circumstances）：例如，周产期的并发症等。

4. 早年创伤经验（Early traumatic life events）：例如家暴、霸凌、战乱、丧亲或父母离异等。

5. 神经生物学失调（Serotonin and hypothalamic - pituitary dysfunction）：血清素分泌或下视丘脑下垂体障碍，与情绪困扰和认知障碍有关。

近端因子

近端因子是指跟自杀行为较为直接相关、时间点上比较接近的影响因素，也是我们比较能够观察得到，或比较能够努力防范的。常见的近端影响因素，包括：

1. 精神疾患（Psychiatric disorder）：例如，抑郁症、思觉失调症、药物酒精滥用或情绪不稳定的人格疾患等精神科疾病，都曾被证明与自杀风险有关。

2. 身体疾患（Physical disorder）：例如，因久病而厌世，如肢体伤残、癌症、慢性肾衰竭等。

3. 心理社会危机（Psychosocial crisis）：例如，重要关系破裂、失业、破产、离婚、丧偶、涉讼、人际冲突、孤立等。

4. 致命工具的可得性（Availability of means）：例如，因为种种原因容易取得枪支、剧毒农药、绳索、木炭、高楼的可近性等。

5. 模仿效应（Exposure to models）：例如，网络或媒体大量或不恰当地报道艺人或名流的自杀新闻。

“精神疾患”“身体疾患”“心理社会危机”这三个因素，大家比较会注意关心。而后两者“致命工具的可得性”与“模仿效应”有相当的影响力，却很容易被忽略，需要系统性的公共卫生政策介入。

致命工具取得困难，可以降低自杀冲动

自杀行为会因为周遭环境的影响，以及致命工具是否容易取得，而升高或降低冲动行为。若随手可以轻易

取得致命工具，就会增加自杀概率；相反地，若工具取得困难，可能就会减少自杀风险。举例而言，很久以前英国人倾向用家用瓦斯自杀。为降低自杀率，英国政府规定瓦斯公司须降低家用瓦斯的毒性，并添加臭气。一朝实施，自杀死亡率果真下降了。

斯里兰卡以出产茶叶等农产品闻名，当地民众最常使用的自杀工具是农药，该国政府曾实施农药容器统一设计机关，需要两把锁才可以打开。一心想寻死的人当然还是可以费力打开，可是适度的麻烦与拖延，确实让自杀死亡率下降。其后农药减毒及禁用剧毒农药等措施，也发挥了相当的防治效果。国内近年有人提倡剧毒农药代喷代管的措施，也是很好的做法。

在枪支泛滥问题严重的美国，一年约有三万人不幸自杀死亡，其中有半数是使用枪支自杀，但美国政府如果强制管理枪支，又会造成反弹，于是有人想出一个折中办法，就是领到购买枪支执照刷卡付钱后，必须经过七天才可以拿到手枪，希望借由这个措施延迟买枪自杀的冲动。

香港最常见的自杀方式是跳楼，而烧炭自杀近十年来与台湾类似，人数明显上升，香港的自杀防治中心为此做了一项介入性研究，在某地区的商店里，贩卖的木炭必须集中摆放且上锁，购买时必须请店员开锁，目的在于增加买木炭者与他人接触的机会。三年后，该区域烧炭自杀死亡率果真下降。

近年来在台湾地区自杀身亡的方法，第一是上吊，第二是烧炭，这两种工具都不难取得，且多半在私领域进行，就限制致命工具的可得性而言，很难有效地运用公共卫生的方法来加以全面防范。这几年台湾部分地区也有相关的防治做法，例如商店稍微增加购买木炭的难度、登记制度、专柜上锁、包装上增列关心字句以及求助资源等，目的就在于降低自杀的冲动。

避免模仿效应，媒体应参考“六不”与“六要”原则

自杀行为是具有传染性的，偶像明星自杀身亡后，通过媒体的大肆报道和渲染，容易受到暗示的人有可能

会模仿偶像行为，造成自杀死亡率短期上升。

台湾知名教授郑泰安分析某知名影星的自杀事件前后，台湾地区的自杀死亡率，发现2005年第十六周至二十一周，自杀死亡人数呈现暴增现象。这位不幸自杀身亡的影星用上吊的方式结束自己的生命，当时的媒体对他的死亡极尽渲染，报道之后那段时间，台湾地区男性上吊自杀身亡的人数也突然增加。

为了避免模仿效应，世界卫生组织曾针对大众媒体提出“六不”与“六要”原则，希望媒体在报道自杀消息时，能够谨慎自律，不要造成憾事。

六不：不要刊登自杀者的照片与遗书、不要报道自杀方式的细节、不要简化自杀原因、不要将自杀光荣化或耸动化、不要使用宗教或文化的刻板印象来解读自杀、不要过度责备。

六要：报道自杀事件时，要与医疗卫生专家密切讨论；提到自杀时，要用“自杀身亡”，而非“自杀成功”等词语；只报道重要资讯，且刊登在报刊的内页而非头版；强调不自杀也能解决困境的方法；提供与自杀

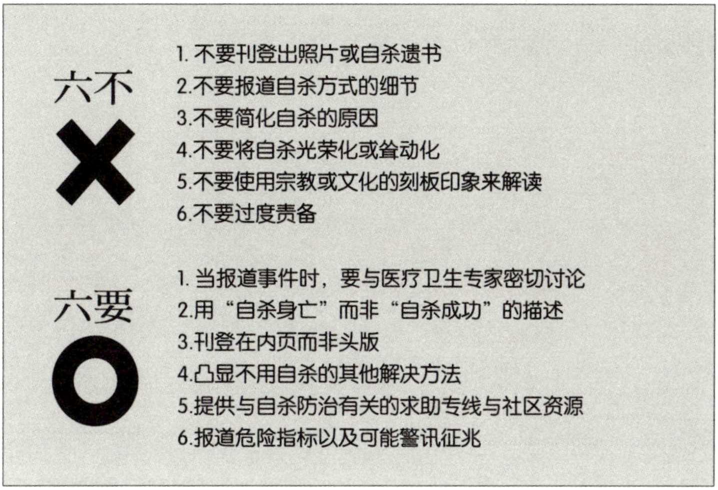

图十五　世界组织建议媒体对于自杀报道的“六不”及“六要”

防治有关的求助专线与社区资源；报道自杀者可能透露的危险指标及警讯征兆，提醒身边亲友注意防范。

负面新闻会带来负面效应，那么，正面新闻是否可以带来正向结果？英国学者做过研究，正向的媒体报道确实有助于自杀防治。例如，报道克服逆境勇敢重生的故事，激励痛苦中的人们以正向积极的态度面对挫折，可以降低自杀念头。事实证明，一则感动人心的真实故事，甚至比专家们的理性分析和科学数据更具说服力，媒体对于自杀防治的力量和贡献由此可见一斑。

自杀死亡是多重因素造成的悲剧结果，不是单一因素可以解释的，防范工作也需要各个不同层面的配合，大家协同一致，才可能有成效。

帮助亲友走出幽谷：人人都是珍爱生命的守门人

守护有自杀倾向的人并不容易，因为有太多因素交互掺杂其中，很难滴水不漏地防范。

不过，尽管自杀的原因错综复杂，但一个人从自杀意念的产生到自杀行动，有时候还是有些轨迹可寻。

根据台湾地区相关部门的最新统计，台湾地区于2014年的标准化自杀死亡率是每十万人有11.8人，而根据西方研究，曾经企图自杀未遂者，日后自杀死亡的风险，是一般人的四十倍；罹患重度抑郁症的患者，自杀死亡的风险为一般人的二十倍。所以，想要减少悲剧发生，大众对有过自杀意念和企图的人，以及抑郁症发作的患者，要多多关心，多方协助，建构更多支持性的防护墙，以降低风险。

自杀防治是人道主义关怀的展现

然而，世界上没有一种预防措施，可以达到百分之百的效果。虽然自杀未遂是一项重要的危险因子，但在某些自杀死亡的研究中，发现这个因素也只占了可以解释自杀身亡风险的20%左右。换句话说，有相当比例的自杀身亡者，过去并没有企图自杀的记录，因此，他们的死亡往往让人错愕，不知道悲剧为何突然发生。

即使自杀防治工作非常困难，但也不能因此放弃。自杀防治是一种人道精神的展现，珍爱每一个生命，只要有一丝救助机会，都不要轻易放过。既然没有单一的原因可以防范，那就让我们每个人都伸出双手，为想要走上自杀绝路的人编织一张安全大网，让他在陷入黑暗时，有机会感受到温暖，并看到希望，愿意继续为活着而努力，这是自杀防治工作最终的目标。

补缀个人与社会的断裂

法国社会学家埃米尔·杜尔凯姆对于自杀现象有过

很深刻的研究，他认为，自杀者之中有相当高比例的人是跟社会的联结产生了断裂。美国的研究也发现，如果一个人的朋友越多，抑郁和绝望的概率便会降低。

根据这个观点，自杀防治有一项重要的终极努力目标，就是通过人道关怀的精神，帮助人们重新建立社会网络。

我曾经在门诊照顾过一位老婆婆，她一生非常辛苦，年轻时罹患恐慌症，中年时又遭遇抑郁症、婚姻问题、先生有药瘾酒瘾；好不容易媳妇熬成婆，儿子媳妇却对她不孝。她对自己的人生非常绝望，因为反复自杀未遂而被送到医院。

老婆婆的困境并不是只靠住进医院找精神科就能解决。除了治疗精神疾病之外，还要转介社区，了解她的家庭处境与资源；出院后，通过户籍所在地的派出所帮助她取得社会资源救助；也要洽询当地社区的公益性组织，除了送餐服务外，是否也能持续对她关怀，甚至陪伴她一同前来就诊，并在生活中就近照顾她，让她在急难时可以找到支持的力量。在这个多重环节里，每个人在自己的岗位上，多做一点点事情，就能够让老婆婆脆弱的社会网络稍微补缀起来，让她重新感受到人性的温暖，而逐渐展现笑颜。

老婆婆的故事，正是自杀防治最核心的意义，通过一群人所展现的人道关怀，让脆弱者与社会重新联结，找到活下去的力量和勇气。而更重要的概念是：这个安全大网需要大家一起合作，彼此支援，因为没有任何一个人，任何一个专业，任何一个部门足以单独承载老婆婆巨大而令人绝望的困境。

根据研究，为了编织出守护生命的安全大网，最实际有效的方式就是“自杀防治守门人计划”，其包含三个步骤分别是：一问、二应、三转介，如图十六。

第一步，关怀地询问：帮助绝望的人找一条路

守门人（Gatekeeper）原本的定义是借由一道又一道的关卡，对某事或某人进行观察、防守与监控，也有守卫、保护的意义。自杀防治守门人的定义，简单地说，也算是“心存善念”“尽力而为”“持续关怀”，但

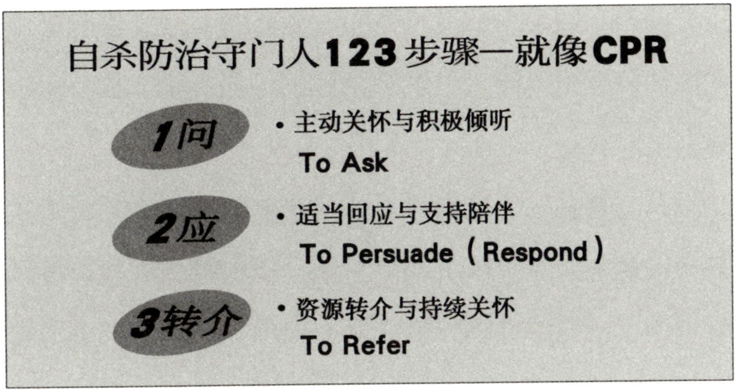

图十六　自杀防治守门人的123步骤

又“保持警觉”，懂得辨识自杀行为的征兆和讯息。当遇到有自杀风险的人，可以适当地回应或适时地转介，在关键时刻成为拉住绝望者的力量，让他有机会看到希望。

只要愿意，人人都可以成为自杀防治守门人。在日常生活中，我们很可能随时与自杀高风险者当面错过，或许也曾短暂交谈过一两句话；而有些特定职业的人，如警察、医护人员、矫正机构人员、农药贩售商、心理咨询专线的志愿者、学校老师等，则有可能直接与高风险者深谈。如果我们对自杀讯息保持警觉，或许就可以把握住短暂相遇的机会，适时挽回一条性命，减少一个悲剧。

以之前提到的烧炭自杀防治为例，有些地方为了防范烧炭自杀，除了规定木炭上锁、集中贩售之外，还对店员进行简易的自杀防治守门人训练，如果看见中年男子郁郁寡欢，独自前来买酒、买木炭，却没有买任何烤肉用具，就要适当地主动关怀。例如，友善地问候，借机攀谈，以温暖支持的态度，提供紧急救助和心理咨询的信息，告诉他："如果你遇到任何困难，这里有人可以倾听，提供帮助。"

这么一个简单的关心行为，或许就可以影响一个人当下的心念，愿意开口求助，避免不幸发生。

还有一个例子发生在我朋友身上。她是一位退休的护理长，长年住在台北，是一位干练女性。有一次，她回乡下老家探亲，发现老房子周围杂草丛生，就去农药行买除草剂，没想到，农药行老板竟不愿意卖给她，老板说："你不像农夫，而且现在不是农田除草的季节，不能卖给你。”这位农药行的老板，不知道有没有受过专业训练，但以他的生活历练和智慧，加上自然而然的人道关怀，主动扮演起称职守门人的角色。

第二步，回应：让痛苦的人得到关心

守住第一道关卡，不表示从此远离危险。前文提过，自杀者的问题如冰山，露出海平面被看见的只有一小角，真正冰冻的问题隐藏在他们心里，需要更多专业的协助，才能绕过死亡冰山。

自杀守门人有很多道防线，就像踢足球的团队有前锋、中卫、后卫，负责不同阶段的进攻，自杀防治也是如此，进行第一道拦截之后，就要交由第二道防线来接手。卖木炭的店员为自杀企图者指引一条道路，接着上场的是社区网络与专业人员。

第二步的回应，不能只靠心理师的力量，而是通过社区和社会的网络，织出一大片的支持网络，邻里、学校、医院、当地的公益服务团体，都可以传达正向力量，拉人一把。处在抑郁或绝望状态的人，仿佛戴上灰色眼镜看世界，但他还是可以感受到外界的安慰与支持。

良好的回应和陪伴需要技巧，包括积极的倾听、友善、敏感度、同理心、专业的自信以及适度的自我揭露，愿意以自己的人生经历跟对方交流。态度也很重要，首先，不要抱着批判的态度面对抑郁症患者和企图自杀者，不要认为对方会陷入痛苦都是自找的、自己想太多、钻牛角尖、太偏激、不知感恩和珍惜，等等；其次，要让对方觉得被接纳与肯定，无论是酗酒、失业、暴力、生病、孤苦，背后都是很多因素造成，而非自甘堕落；最后，则是要让对方看到希望，相信眼前的困难是有解决的可能性的。

当然，我们也必须承认，再有心的陪伴者，总会有挫折的时候。无助具有感染力，会让身边的人染上绝望的气息，连专业的医生都难以避免。我曾经在门诊时，倾听一位病友述说他的遭遇：老婆跑了、孩子有罕见疾病还被霸凌、疲于奔命照顾家庭却被老板开除、借酒浇愁染上酒瘾、没钱生活只好不停刷卡欠下巨额卡债、还不出钱被黑道找上门讨债……这全部的灾难围绕着同一个人，不断地恶性循环，把他逼上绝路。

我常听着听着，有时候也就跟着悲观起来，觉得如果这些事发生在我身上，我肯定也找不到出路。我因为能下班休息而不致陷溺，而且专业训练让我知道患者是因长期压力导致抑郁症，又因抑郁症导致他更加觉得困境无解。如果抑郁症能获得积极治疗，建立比较正向的思考方式，可能对压力的感受也会不太一样。

面对这么棘手且纠缠的困境，不能依靠单一的倾听者，而是要建立一套支持性的网络。当这名可怜的父亲感到绝望时，如果能遇到社区志工拍拍肩膀鼓励他："别担心，你心里有苦，随时可以跟我说。"遇到专业团队也同理他，帮助他治疗酒瘾、抑郁问题；银行理财专员从专业角度，为他规划出实际的还款计划，并鼓舞他、激发他的信心……这样一关一关的友善力量累积下来，他会知道："原来有这么多陌生人愿意关心我。"每一份问候，都是带来希望的力量，能够协助他克服眼前的逆境，而重新站起来。

第三步，转介：网网相连，大家一同努力

抑郁状态严重者，生活困境难解者，除了生活上的倾听、陪伴外，还要通过专业治疗，资源的灌注，让生活回到常轨。再强调一次，没有任何一个人，任何一个专业，任何一个部门，足以单独承载具有高自杀风险的朋友巨大而令人绝望的困境，除了守门人持续关怀外，适度地转介专业服务或支持系统更加重要。

自杀风险高的人也一样，除了家庭和社区的关心，也需要转介给专业的治疗者，针对诱发自杀行为的远端和近端因素，进行心理治疗或者药物治疗，以避免自杀的再度发生。

“什么样的人需要转介？”对陪伴者来说，有时也不易判断。为了解决这个困扰，台湾自杀防治中心从2006年起，推出“心情温度计”量表（见第一章的图二），这是由我的老师李明滨教授研发的简易筛检工具，包含五个题目与一个自杀想法的测量，经过临床实验的测试，无论是运用于电话访问、家庭访问、病人自填，或医生问诊，都有很好的效果。

它的运用非常灵活，不一定要拿出问卷请对方填写，也可以通过轻松的聊天进行。例如，病房里有位老先生一直失眠，他的主治医师请我一同会诊，我就以量表上的问题跟老先生聊天："过去一个礼拜是不是睡得不好？"老先生猛点头。我问："如果完全没有失眠是零分，失眠最厉害是五分，您认为自己这一个礼拜以来失眠的情况，是几分呢？"老先生自我评估是"三分"。

我继续问："这个礼拜觉得紧张不安吗？"老先生摇摇头，给了"零分"；"很容易动怒或苦恼吗？"老先生给了"两分"；"这个礼拜心情很低落、抑郁吗？"老先生直说："低落得不得了，至少有四分。"

问完五个题目，老先生总共得了九分，有轻度的情绪困扰，最好找家人或朋友谈谈心，纾解一下情绪。最后一个附属题目："最近曾经浮现过自杀的念头吗？"老先生说"两分"，喔！这就值得注意了，最好考虑转到精神科，接受专业的咨询。

如果是在家里自行评估，发现自己或家人的自杀意念很高，除了就近寻求帮忙外，也可以利用求助专线，这些服务专线是专门用来帮助有自杀意念的人，也可以提供基本的转介资讯。

不过，人的情绪随时在波动。例如，学生在考试前夕、上班族转换新职位、家庭主妇面对公婆问题时，难免心情都会受到影响。以我自己的状况来说，每到年底，我就像小孩子面临开学一样，要交出很多报告和计划，每一项都轻忽不得，如果又碰上恼人的各式医院评鉴、论文投稿不顺，这时候让我填量表，肯定既失眠又易怒，心情也好不起来，量表分数至少有十几分。但我自己知道，这只是代表压力很大，只要把工作分配好，勇于请人帮忙，短暂地跟同事们一通抱怨，熬过痛苦的阶段之后，心情又会好起来。

所以，要判断一个人的情绪状态是否真的危急，有时的确不容易，但对于自杀风险这样重要的事情，还是小心为上，如果自己无法判断，随时可以寻求专业人士的协助，进行评估和转介工作。

自杀防治的挑战

再次强调关于自杀防治的重要观念：我们不可能做到滴水不漏，百分之百的防范。哪怕是所有人都热心伸出援手，自杀者仍有可能在我们没注意时，走向死亡。2010 年，美国罗彻斯特大学自杀防治专家，艾瑞克·肯恩（Eric Caine）教授来台湾地区演讲时，便举出自杀防治的五大挑战：

目前仍无法准确地区辨伪阳性

所谓伪阳性，意指自杀的风险评估呈现较高风险，但实际自杀行为发生概率却相对低的普遍状况。抑郁症患者常被视为自杀的高危险族群，然而，有超过一半以上的抑郁症患者一生都未曾尝试过自杀。所以，抑郁症和自杀之间，也不一定要画上等号。2008 年发生的世界性的金融海啸，世界各国都很担心这波失业潮会带来自杀威胁。以台湾地区为例，那一年推估的失业人数约60万人，不幸自杀身亡者4128人。相关研究指出失业可以解释约10%的自杀死亡风险，意思是照推算这4000人中大约有400人是跟失业有关。但反过来说，绝大多数失业的朋友，也就是有99.9%的失业朋友并没有选择自杀。失业的确是自杀的危险因子之一，但如果我们只考虑这单一的因素，在实际情况下就会呈现高度的伪阳性。

伪阳性的状态让人左右为难。如果在金融海啸时期，针对60万名失业者粗鲁地进行自杀防治工作，绝对会变成扰民的事件，甚至有双重标签化的问题，失业者可能会大声抗议：“我不想自杀，只想赶快找到工作！”

仍无法克服伪阴性的问题

伪阴性刚好与前者相反，是指外表可以测得的自杀风险极低，却突然自杀身亡的现象。当我们回溯许多自杀者的生前记录时，往往找不到任何与自杀相关的讯息。例如，没有感情困扰、工作也不错、人缘也很好、经济也没问题，但有些人就在没有任何危险线索的情况下，就骤然发生悲剧，让身边所有的人错愕不已，不知道为何会发生这样的事。

医疗与社会服务体系无法触及的角落

有时候，就算过滤出高风险者，他们却可能处在医疗与社会福利无法企及的角落。不只台湾地区，北京、上海等城市，也只有不到三成的重度抑郁症患者愿意走出封闭的自我，接受帮助；而在求诊病人中，也有三分之一对于单一抗抑郁药物的治疗反应不佳。不愿求助或就医但对药物反应不佳的朋友们、社会和经济上的绝对弱势者，都可能形成高风险的漏洞，而造成憾事。

自杀实证研究仍须努力以便推广应用

不同的文化和族群之间，自杀风险因子不尽相同，需要不同的防治方案。可惜目前对于促成自杀风险之各项因素，如年龄、种族、性别、居住地、社会文化及经济地位等相关知识和讯息，仍缺乏完整的研究资料，仍有进步的空间，需要学术界更进一步的努力。

自杀防治相关体系须加强横向整合

自杀防治是很困难的工作，不是单靠个人或家庭或亲友的力量就可以做到，必须依靠整个社会的力量，联结各个角落的资源，一起编织出一片安全的大网，才可能发挥更好的功能。这需要各个自杀防治体系和相关单位垂直与水平的整合，以达“网网相连，面面俱到”之境界，将“珍爱生命，希望无限”的信念往下扎根，具体落实人人都是自杀防治守门人的目标。这需要长期的努力，我们现在就可以开始从自己做起。

骤然的分离与漫长的告别：幸存者的心理调适

谈到自杀防治，还有一个很需要关切的族群，就是不幸自杀身亡者的亲友。

前面提到，自杀防治有其困难之处，人有其独立的自主意志，当心意坚决时，当前面提到的一片片瑞士乳酪破洞不巧串成一线时，悲剧还是有可能发生。

对于不幸自杀身亡者的亲友来说，这绝对是一种难以承受的漫长告别。在震惊和悲伤之余，往往会经历许多复杂的心理历程。例如，不断地自责和想象：“当时我如果能够……就好了”“如果我没有做……，或不要说……，或许就可以避免”这样的罪恶感和内疚悔恨，宛若挥之不去的恶梦，久而久之往往带来身心的折磨。有时会转成愤怒，不断地对外找寻代罪羔羊，但又会发现，快意恩仇之后，内心的痛苦似乎没有减轻。

此外，我们的文化中有“死者为大”的观念，人们总是被期待要能够做到“祝福死者”，将恩怨情仇一笔勾销，让对方灵魂得到安息。但实际的情况却复杂得多。亲友们除了罪恶内疚的痛苦，甚至也会对自杀者充满愤怒。例如：“你怎么忍心放下我们不管？是不是我们不再值得你关心爱护了？”“你为何不肯替我们想想，一点儿都不在乎我们的感受？”“你就这样丢下一切，我们活着的人，该怎么办？”……

虽然理智上，亲友们觉得不应该苛责死者，但在感情和情绪上，却真实经历着难以释怀的愤怒与自责。亲友们的情绪经常在这样的两极之间摆荡，不论是寻找“合理化”的解释，或想借由“理智化”来平抚创痛，都是为了让内心稍稍喘息，但旋即又觉得这种喘息太过轻易。我们无法理解，甚至无法原谅，为何自杀者会做出如此决绝的选择。这是一种深沉的无奈与悲哀。

这难解的课题，需要时间来疗愈，需要专业来帮忙。有些亲友也可能出现抑郁症状，需要进一步的陪伴与治疗。身为医疗人员，面对亲友们漫长的伤痛，总会强调："自杀不是单一因素造成的。"一个人会选择结束生命，绝对不会只因一件事或一句话就造成，而是有着错综复杂的多重深层原因。我们也许会期望能准确地预知未来，也期望可以每天24小时紧紧守护在自杀者身旁，然而就如同一项英国的研究指出：即使住在当地安全维护最高规格的精神科急性病房中，仍有病患在医护人员24小时不间断，在视线可及的密切观察下自杀身亡。当不可预期的命运发生，除了被迫学习接受外，我们会逐渐领略生命的各种极限，包括亲情的极限、医疗的极限，以及谅解的极限。

希望有一天，我们可以真正地谅解自杀者的决定，也真正地谅解自己。

后　记

建立“属于自己”又能“感动他人”的快乐资本

撰写这本书的初衷，原本是想教导大众认识及处理抑郁症。完稿后却觉得，与其说是单向地为大众提供心身保健的建议，倒不如说是借由这些资讯的分享，让医病之间能够双向交流，彼此共同成长。

这本书里的理性部分，来自我在医学院的授课内容、来自令人欣慰的治疗经验，还有来自病友们亲口诉说的真实感受。抑郁症的复原之路，总是有许多阴暗无助的时刻，必须凝视着远方的微光，医病之间携手同心，大家一同朝着光亮前进。

这本书里的感性动力，主要来自我过去二十年间，在医学中心的急性精神科病房，与治疗团队成员，共同见证过的欢欣与哀愁。我们见证过许多病友和家属的毅力与勇气，即使在最艰难的时刻也从不放弃，终于克服疾病，重拾欢笑；但是，我们也遭逢过悲伤无言的时刻，尤其是有病友不堪心灵的痛楚，太早离我们而去，不论家属或医疗人员，都不免黯然。

不论如何，希望这本书可以传达我的心意，陪伴陷入幽暗风暴的朋友们，走过抑郁的旅程。

而在本书的最后，我想回头再问一次各位读友这个根本的问题：“你快乐吗？”

每个人都想要快乐。我们终其一生努力念书、工作、赚钱、谈恋爱、结婚、生儿育女、买房子、渴望功成名就，不就是为了追求快乐的生活吗？

但是，快乐到底是什么？为了得到快乐，我们真的走对路了吗？

诺贝尔经济学奖得主丹尼尔·卡纳汉（Daniel Kahneman）博士，曾经于2006年在《科学》（*Science*）杂志中，发表了一篇名为《如果你变得更有钱，你会更快乐吗》的研究。通过非常好的测量方法，想要调查美国民众对于家庭收入与幸福感之间的关系。

结果发现，年收入美金二万元以下的家庭，认为自己“非常快乐”的有22%；二万至五万美金收入的家庭，表示很快乐的比例有30%；五万到九万美金收入的家庭，约41%感到很快乐；年收入超过九万美金以上，快乐比例是42%，跟前一阶相比只上升1%。

这个数据告诉我们一个如常识般却又很重要的讯息：工商社会的价值观，往往将成功、快乐与金钱画上等号，总以为钱赚得越多，快乐就越多，所以大多数人都把努力的目标放在追求金钱和收入之上。等到有一天，收入终于到达一定程度之后，却发现幸福感并没有随之增加。

不可否认，生活中不能没有钱，但这个研究也同时告诉我们：“金钱不等于幸福。”

尤其，在追逐财富的过程中，往往带来很多的竞争、紧张和压力，甚至失去了该有的生活品质，变得焦虑忙碌、患得患失、心情沉重，根本快乐不起来。

金钱只是一个例子，反映出人们常见的认知谬误。每个人都想要快乐，但有时候却追逐错误的目标，以致适得其反，把快乐推得越来越远。

那么，要怎样才可以得到快乐呢？

在日常生活中，带来快乐的首选是“主动式的休闲”（active leisure），也就是积极地、专注地从事某些活动。例如，运动、出游、玩乐、嗜好等。这些活动虽然费神费力，却创造出许多乐趣，让人浑然忘我，又能增加与他人的联结，融入社会网络，让人乐在其中。

第二名是“吃东西”。对大多数的人来说，享受美食总是让人压力放松，心情愉快，当然均衡的饮食还是最重要的。

第三名是“被动的休闲”（passive leisure），就是松散的、不必耗费心神的活动。例如躺在沙发上看电视、听音乐、讲电话、跟人聊天、谈八卦等。

最后则是“生活中不得不做的事情”。如洗碗、洗衣、打扫、盥洗、上班通勤等。这些活动并不是为了快乐，但可以保持生活的整洁、舒适和规律。

这个研究告诉我们，快乐感的最大泉源，不全然是金钱财富，而是主动的休闲。不论是打球、跑步、健身、游泳、练瑜伽、赏花、露营、旅行、下棋、唱歌、跳舞、玩乐器、画画、摄影、烹饪……都可以释放身心压力，让生活更轻松、丰富且快乐。

我举出这个研究做例子，主要是想传达一个观念：预防重于治疗。要远离抑郁症，最好趁早养成让自己快乐的好习惯，储存和累积“快乐资本”，当低潮来临时，才可以帮助自己度过灰暗的幽谷，这也是近年流行的“复原力”（resilience）概念的实践。

人生漫长，总会有困顿难解的时刻，这时候，更要主动创造快乐。当感到灰心丧气时，找出你热爱的事物，运动、美食、爬山、写作或看场电影都可以。创造快乐不用花大钱，却能够转移低迷的情绪，让我们跟世界保持联结，重新让生命完整，找到活下去的勇气和力量。

最重要的是，这些小小的快乐，在必要时候，可以拉自己一把，防止情绪不断往下坠落。

为了保护身心的健康，最好经常反问自己：“你（我）快乐吗?”如果发现生活压力太大，遗忘了快乐，不妨主动培养一些休闲嗜好，研究一下压力管理的方法，提醒自己调整一下容易负面思考的习惯；行有余力则更进一步，体会助人与利他的快乐，重新燃起生命的热情和活力。

所以，你快乐吗?从今天起，把快乐放在心上，远离抑郁吧!

图书在版编目（CIP）数据

抑郁的真相：如何走过情绪的低谷 / 廖士程著 .—北京：中国工人出版社，2018.6
ISBN 978-7-5008-7010-4

Ⅰ.①抑… Ⅱ.①廖… Ⅲ.①情绪—自我控制—通俗读物 Ⅳ.① B842.6-49
中国版本图书馆CIP数据核字（2018）第126051号

著作权合同登记号　图字：01-2017-6029
中文简体版 2018 年由中国工人出版出版。

抑郁的真相：如何走过情绪的低谷

出 版 人　芮宗金
责任编辑　杨博惠
责任校对　董春娜
责任印制　黄　丽
出版发行　中国工人出版社
地　　址　北京市东城区鼓楼外大街45号　邮编：100120
网　　址　http://www.wp-china.com
电　　话　（010）62005043（总编室）
　　　　　（010）62005039（出版物流部）
　　　　　（010）62379038（社科文艺分社）
发行热线　（010）62005049　（010）62005042（传真）
经　　销　各地书店
印　　刷　天津中印联印务有限公司
开　　本　880毫米×1230毫米　1/32
印　　张　8.25
字　　数　120千字
版　　次　2018年9月第1版　2019年11月第3次印刷
定　　价　39.80元